Morten Freidel
So rettet ihr das Klima nicht!

Morten Freidel

SO RETTET IHR DAS KLIMA NICHT!

Warum die Energiewende gescheitert ist und was wir jetzt tun müssen

PIPER

Mehr über unsere Autorinnen, Autoren und Bücher:
www.piper.de

ISBN 978-3-492-07298-4
© Piper Verlag GmbH, München 2024
Satz: Sieveking Agentur, München
Gesetzt aus der Sabon
Litho: Lorenz & Zeller, Inning am Ammersee
Druck und Bindung: GGP Media GmbH, Pößneck
Printed in Germany

Gewidmet Antonia und Theodor

INHALT

Erstes Kapitel

WIE ICH LERNTE, DIE ENERGIEPOLITIK ZU LIEBEN

Warum Energiepolitik das wichtigste Thema der Gegenwart ist

Energiepolitik hat mich nie interessiert. Für mich waren Artikel über Energiepolitik immer die mit den Fotos von Strommasten und wirr durcheinanderhängenden Kabeln. Schon die Fotos sahen so anstrengend aus, dass ich die meisten Texte gar nicht erst las. Wofür brauchte es bei Energie überhaupt Politik? RWE sollte seinen Strom verkaufen, die Politik die Regeln festlegen, so sah ich das.

Ein paar Monate nach Russlands Überfall auf die Ukraine bat mich ein früherer Kollege aus der Redaktion, eine Titelgeschichte in der *Frankfurter Allgemeinen Sonntagszeitung* über die Atomkraft zu schreiben. Ich hatte wenig Lust. Es war Krieg, im Donbass starben ukrainische Soldaten. In einer solchen Situation über Atomenergie zu schreiben, kam mir vor, als würde ich während einer Notlandung über Briefmarken diskutieren. Es gab drängendere Themen. Ich hatte kein Problem mit den alten Meilern, aber Deutschland hatte sich nach Fukushima für einen anderen Weg entschieden, es setzt auf die Kraft von Wind und Sonne. Ich fand, das Thema gab nichts her.

Doch der Kollege insistierte. Also ging ich der Frage nach, ob es sinnvoll sein könnte, die letzten drei Reaktoren wegen der Energiekrise ein paar Monate länger laufen zu lassen. Es war die Zeit, in der die Deutschen darüber diskutierten, ob sie ihr Frühstücksei mit oder ohne Deckel kochen sollten, und in der Ministerpräsident Winfried Kretschmann ihnen empfahl, sich mit dem Lappen zu waschen, statt zu duschen. Bundeswirtschaftsminister Robert Habeck sagte, dass »jede Kilowattstunde« zähle. Das galt allerdings nicht für Strom aus Atomkraftwerken. Den wollte die Bundesregierung auf keinen Fall länger haben als nötig. Für sie war das vor allem eine Frage der Sicherheit. Ich ging zu Beginn meiner Recherche davon aus, dass sie gute Argumente hatte, die der Krieg zum Teil entkräften würde. Zu meiner Überraschung stellte ich fest: Sie hatte kein einziges gutes Argument. Deutschland konnte den Strom der Kraftwerke sehr wohl gebrauchen, anders als die Bundesregierung behauptete. Es gab sehr wohl genug Personal, um die Meiler weiterlaufen zu lassen. Es war sehr wohl möglich, die Brennstäbe neu anzuordnen und mehr Saft aus ihnen rauszuholen, und es drohte auch keine Kernschmelze, nur weil die Reaktoren für kurze Zeit weiterliefen. Ein leitender Techniker, der im damals schon vom Netz gegangenen Kernkraftwerk Brokdorf arbeitete, sprach am Telefon von »Scheinargumenten«. Wenn die Regierung denn wolle, könne sie alle Probleme lösen, sagte er. Das bestätigte sich Monate später, als die Bundesregierung nun doch beschloss, die Reaktoren über den Winter laufen zu lassen. Sie tat also genau das, was sie in diesem Moment noch als unmöglich darstellte.

Mich machte diese Hartnäckigkeit nervös. Wer sich in die entgegengesetzte Richtung zu allen anderen bewegt, der kann auf der richtigen Spur sein, meistens aber ist er ein Geisterfahrer. Noch dazu wirkte Wirtschaftsminister Robert Habeck von den Grünen aufgeschlossen gegenüber der Kernkraft. Einmal sagte er in einem Video, die Frage nach der Atomenergie sei »ja total virulent«. Ideologen klingen anders. Sie sind nicht offen für die Argumente der anderen. Habeck aber schien es zu sein. Die Erfahrung hat mich gelehrt, dass solche Leute meistens selbst die besten Argumente haben. Was, wenn ich derjenige war, der falschlag?

Einige Wochen nach dem Artikel kam der Kollege wieder zu mir. »Wir müssen was über Fracking machen!«, sagte er. Er fand, dass sich die Regierung für ein Übel entscheiden müsse: entweder für die Atomkraft oder dafür, Schiefergas in Deutschland zu fördern. Sonst könnte es eng werden mit der Energie, wenn das russische Gas ausblieb. Wieder war ich skeptisch. Mir kam Fracking noch abwegiger vor als Kernkraft. Ich hatte mich damit nie eingehend beschäftigt, aber Bilder im Kopf von verschlammten Bohrmaschinen und Arbeitern in der amerikanischen Prärie. Von Wasserhähnen, die man anzünden konnte, weil aus ihnen Gas entwich. Irgendwo hatte ich mal gelesen, dass Fracking Erdbeben auslösen kann. Im großen, weiten Amerika fand ich das vertretbar. Im dicht besiedelten Deutschland kam es mir riskant vor. Ich fand es außerdem verdächtig, dass in der Öffentlichkeit kaum einer über Fracking diskutierte. Vielleicht war die Sache einfach zu aufwendig, dachte ich. Jemand musste erst einmal Genehmigungen einholen, Probebohrungen machen, dann das Gas aus der Tiefe holen. Die Atomkraftwerke waren wenigstens gebaut, die konnten einfach weiterlaufen.

Doch die Dinge lagen anders. Unsere Titelgeschichte stützte sich vor allem auf den Bericht einer Expertenkommission, die die Große Koalition eingesetzt hatte, als sie 2016 das Fracking in Deutschland verbot. Die Kommission bestand aus lauter Umweltschützern und sollte nach dem Verbot in aller Ruhe prüfen, wie gefährlich es ist, Schiefergas zu fördern. Sie nahm sich dafür fünf Jahre Zeit, bis 2021. Man kann also sagen, sie arbeitete gründlich. Die Experten schätzten das Risiko für Erdbeben in ihrem Bericht als »äußerst gering« ein. Die Gefahr, dass Grundwasser verseucht werden könnte, hielten sie für »gering«. Seit die Amerikaner mit dem Fracking anfingen, sind sie besser darin geworden, sie haben ihre Methoden verfeinert. Die Kommission kam deshalb zu dem Schluss, dass Fracking auch in Deutschland vertretbar sei. Das Problem war nur: Es hatte kaum einer ihren Bericht gelesen. Eigentlich sollte der Bundestag auf seiner Grundlage noch einmal neu über das Fracking diskutieren. Die Umweltschützer erzählten uns, dass sie sogar ihre Urlaubspläne aufeinander abgestimmt hatten, falls jemand anrufen sollte, um sie einzuladen. Es rief aber niemand an.

Wir fragten in Habecks Ministerium nach, ob es wegen dieses Berichts und des Krieges nicht geboten sei, noch einmal über Fracking zu diskutieren. Eine Sprecherin hielt es nicht für geboten. Sie antwortete uns, Fracking sei verboten, weil es das Grundwasser verschmutze und der Umwelt schade. Das klang, als hätte es die Kommission nie gegeben. Die Sprecherin nannte Argumente, die seit mehr als einem Jahr widerlegt waren.

Was hier passierte, hatte für mich eine andere Qualität als die Diskussion über die Kernkraft einige Wochen davor. Ich habe schon oft erlebt, dass Politiker von unlösbaren Problemen redeten, die Experten für lösbar hielten. Beim Streit über Waffenlieferungen an die Ukraine passierte das ständig. Ich hatte aber noch nie erlebt, dass Fachleute für die Regierung einen Bericht verfassen, den die Regierung ignoriert. Noch dazu in einer solchen Notlage. Das ganze Land diskutierte damals darüber, wie man russisches Gas ersetzen könnte. Milliarden Kubikmeter Schiefergas liegen in Deutschland unter der Erde, es könnte das Land für Jahrzehnte versorgen. Und hier bot sich nun eine Möglichkeit, es rauszuholen, beglaubigt von Umweltschützern, die uns versicherten, dass sie sich vor allem von der Vorsicht leiten ließen, und trotzdem wollte die Bundesregierung nichts davon wissen. In der Kommission saßen auch nicht irgendwelche Leute. Ein Mitglied aus dem Helmholtz-Zentrum für Umweltforschung war beteiligt, ebenso jemand aus dem Umweltbundesamt. Das ist eine Behörde, die dem Bundesumweltministerium unterstellt ist und die manche dafür kritisieren, dass ihr Naturschutz wichtiger ist als Ausgewogenheit. Ich weiß nicht, ob das berechtigt ist, ich bin mir aber sicher, dass im Umweltbundesamt keine Wirtschaftslobbyisten sitzen. Diese Leute hielten Fracking für vertretbar. Die Regierung handelte also gegen die eigenen Experten. Von nun an hatte die Energiepolitik meine Aufmerksamkeit.

Bis dahin hatte ich bei meinen Recherchen nur wenig über Klimaschutz nachgedacht. Es ging um die Versorgungssicherheit, um die Frage, wie Deutschland durch den nächsten Winter kommt. Ich wollte wissen, wie die Regierung vermeiden konnte, dass im Land die Lichter ausgingen. Was das für das Klima bedeutete, war erst einmal egal. Die Bundesregierung war der Meinung, dass sie das ohne Atomkraftwerke und heimisches Schiefergas schaffen würde. Sie baute lieber LNG-Terminals an der Küste, um Flüssiggas zu importieren, und holte alte Kohlekraftwerke wieder ans Netz. Das konnte man riskant finden oder nicht, es war jedenfalls keine Frage der planetaren Gesundheit. Die Ironie war aber, dass die Maßnahmen der Regierung auch noch klimaschädlich waren. Atomkraftwerke stoßen keine Treibhausgase aus, und sie laufen auch dann, wenn der Wind nicht weht und die Sonne nicht scheint. An manchen solcher Tage lieferten die letzten drei verbliebenen Meiler in Deutschland fast so viel Strom wie Wind und Sonne zusammen. Man kann darauf verzichten, klar. Aber dann müssen andere Kraftwerke die Arbeit übernehmen, vor allem Kohlekraftwerke. Wie deren Klimabilanz aussieht, weiß jeder.

Ähnlich sah es beim Fracking aus. Es ist für das Klima immer noch besser, Schiefergas aus der niedersächsischen Heide zu holen und zu einer Chemiefabrik in der Nähe zu bringen als mit Tankern über den Atlantik. Um das Gas auf die Schiffe zu laden, muss es abgekühlt und verflüssigt werden, dabei geht viel Energie verloren. Dann fahren die Schiffe über das Meer, stoßen Treibhausgase aus, und im deutschen Hafen wird das Gas dann wieder aufgetaut. Das alles ist eine dreckige Angelegenheit, viel dreckiger, als wenn sich Deutschland selbst die Hände schmutzig machen würde.

Mir kam das nicht sonderlich grün vor. Grün wäre es für mich gewesen, alle Kernkraftwerke ans Netz zu holen, die noch betriebsbereit sind, statt Kohlekraftwerke anzuwerfen. Grün wäre es für mich gewesen, Schiefergas in Deutschland zu fördern, statt auf Einkaufstour in Katar zu gehen. Noch dazu hätte das die Energieversorgung langfristig stabilisiert. Die Ampel verzichtete also darauf, zwei Probleme gleichzeitig zu lösen. Sie wollte ausgerechnet auf diejenigen Schritte beim Klimaschutz verzichten, die den Bürgern nicht einmal etwas abverlangt, sondern sie sogar in der Krise entlastet hätten. Von allen Dingen, die ich bisher über Energiepolitik gelernt hatte, konnte ich das am wenigsten begreifen. Eine solche Chance haben Politiker beim Klimaschutz selten genug. Normalerweise ist er mit Härten verbunden, Strom muss gespart, Häuser müssen gedämmt werden. Und nun stemmte sich die Ampel gerade gegen die Maßnahmen, bei denen das anders war? Mich ließ das an den Grünen zweifeln.

Dabei bin ich selbst ein Grüner, zumindest von der Grundidee her. Klimaschutz ist mir wichtig, ich habe zwei Kinder, denen ich einen lebenswerten Planeten hinterlassen will. Es kann für mich auch keine Lösung sein, dass Mitteleuropäer zukünftig in klimagekühlten Häusern und Bürotürmen den Sommer verbringen und halb Afrika versteppt. Deshalb bin ich überzeugt, dass Europa und Deutschland beim Klimaschutz besonders engagiert sein müssen. Ich glaube, das wird schwer genug. Es ist aber nahezu unmöglich, wenn Politiker auch noch wählerisch werden, anstatt mutige Entscheidungen zu treffen.

Die Lage war in jenem Sommer angespannt. Unternehmen mussten aufgeben, weil ihnen der Strom zu teuer geworden war. Habeck wand sich im Fernsehen, weil er den Unterschied nicht erklären konnte zwischen einem Bäcker, der die Produktion einstellt, und einem, der insolvent ist. Vielleicht wollte er ihn auch nicht erklären. Videos von diesem Auftritt liefen in den sozialen Netzwerken rauf und runter. All das kostete Habeck Sympathien. Vom beliebtesten Politiker Deutschlands konnte keine Rede mehr sein. Das war nicht allein seine Schuld, in Krisenzeiten geraten Politiker unter Druck. Aber wenn er bei der Energiepolitik mutiger gewesen wäre, so wie die Bundesregierung bei der Verteidigungspolitik, dann hätte er ein Signal ausgesandt: Ich tue alles, was in meiner Macht steht, um die Krise abzuwenden und Klimaschutz zu ermöglichen. Die alten ideologischen Gräben haben für mich keine Bedeutung mehr. Es kam mir so offensichtlich vor, was er tun musste, dass ich mich fragte, ob ich etwas übersah. Wer so naheliegende Vorteile ausschlägt, der macht entweder einen Fehler, oder er hat einen besseren Plan. Ich konnte mir nicht vorstellen, dass Habeck sich unüberlegt ins Feuer stellte. Ich hatte ihn bei seinen Auftritten als reflektierten Politiker wahrgenommen. Er musste eine andere Vorstellung davon haben, wie sich Klimaschutz und Energieversorgung in Deutschland zusammenbringen ließen, dachte ich.

Die hatte er auch. Er kündigte an, noch mehr Windräder aufzustellen und Solarzellen zu bauen. Immer wieder wiesen mich Leser in den sozialen Medien auf Studien hin. Die zeigten doch, dass Deutschland allein mit der Kraft von Wind und Sonne klimaneutral werden könne, schrieben sie. Experten hätten das alles schon durchgerechnet, ich sollte ihnen gefälligst mal zuhören.

Das tat ich jetzt. Für die nächste Titelgeschichte sprach ich mit Naturwissenschaftlern über die Energiewende, unter anderem vom Karlsruher Institut für Technologie. Sie sollten mir erklären, wie der Plan aussieht und wie sehr der Ukrainekrieg ihn gefährden könnte. Dieses Mal war ich auf einiges gefasst, schlechte Nachrichten war ich jetzt ja gewohnt. Ich rechnete damit, dass die Forscher die Ziele der Bundesregierung für schwer erreichbar hielten. Womit ich nicht rechnete, war, dass die meisten die Energiewende schon vor dem Krieg für utopisch hielten. Es ging schon mit den Ausbauzielen los.

Wussten Sie zum Beispiel, dass Deutschland ab dem Jahr 2025 jeden Tag für zehn Jahre lang mindestens vier große Windräder bauen muss, um seine Ziele zu erreichen? Tag für Tag, zehn Jahre lang. Haben Sie so ein Windrad mal von der Autobahn aus in den Himmel ragen sehen? Wir reden über Anlagen, die mehr als zweihundert Meter hoch sind. Für ein einziges solches Windrad brauchen Sie bis zu hundert Schwerlasttransporte. Dann müssen Sie noch die Teile zusammenbauen. Wussten Sie, dass Deutschland bald jeden Tag für neun Jahre lang Solaranlagen installieren muss in der Größe von mindestens 40 Fußballfeldern? Tag für Tag, neun Jahre lang. Wie, fragten mich die Wissenschaftler, soll das gehen? Woher sollen die Handwerker kommen, woher die Rohstoffe, woher das Geld?

Und das war erst der Anfang, es gab noch viel gravierendere Probleme. Ich dachte bei der Energiewende bisher immer an Windräder und Solarzellen. Die sollen den Strom liefern, der Deutschland klimaneutral macht. In Wahrheit gehörte dazu aber auch Gas, Milliarden Kubikmeter jedes Jahr. Im Winter weht manchmal tagelang kein Wind, und es scheint keine Sonne. An diesen Tagen hilft es auch nichts, wenn in jedem Winkel des Landes ein Windrad steht. Auch die können die Gesetze der Physik nicht außer Kraft setzen. Deshalb sollen in solchen Momenten Gaskraftwerke einspringen, das ist die Idee. Sie haben den Vorteil, dass man sie schnell hoch- und auch wieder runterfahren kann. Sie sind gute Lückenfüller. Es gab dafür auch lange Brennstoff, Gas aus dem fernen Sibirien, das durch die Nordstream-Pipeline direkt ins Land floss. Solange deutsche Politiker Russland behandelten wie einen großen Bruder, der manchmal ein bisschen ruppig war, aber sonst in Ordnung, konnten sie auf dieses Gas setzen. Das ging erstaunlich lange gut, obwohl Russland schon vor Jahren in Georgien einmarschierte und 2014 die Krim besetzte. Doch in dem Moment, in dem russische Soldaten von allen Seiten in die Ukraine einfielen, konnten selbst deutsche Politiker nicht mehr die Augen vor der Realität verschließen. Mittlerweile bekommen wir kein russisches Gas mehr durch die Nordstream-Pipeline. Es ist also die Frage, wo es jetzt herkommen und was es kosten soll.

Doch das ist nicht einmal das größte Problem. Es fehlen schon die Kraftwerke. Monate bevor Russland die Ukraine überfiel, forderten Fachleute, dass Deutschland zehnmal so viele Gaskraftwerke baut wie bisher. Sonst könnte der ambitionierte Zeitplan scheitern. Die Bundesnetzagentur schätzt, dass Deutschland in sechs Jahren mindestens 34 große Gaskraftwerke bauen muss. Das klingt nicht dramatisch, aber haben Sie einmal ein solches Kraftwerk gesehen? Ich hatte dazu kürzlich die Gelegenheit.

Es war das Gaskraftwerk Staudinger 4 in der Nähe von Frankfurt. Der Turm ist knapp 130 Meter hoch, man kann ihn noch von der Stadt aus sehen. Fast alles in den umliegenden Ortschaften ist auf dieses Kraftwerk ausgerichtet. Bahnschienen führen direkt in die Anlage, es gibt mehrere Tiefgaragen, eine Bushaltestelle, Fernwärmeleitungen in die Stadt Hanau, sogar Tennisplätze für die Mitarbeiter. Wer um die Anlage herumlaufen will, der hat einen ziemlichen Marsch vor sich. Den Tennisplatz kann man sicher weglassen. Aber das ist die Größenordnung, über die wir reden. Von solchen Kraftwerken müssten wir in wenigen Jahren 34 Stück bauen, wenn es denn reicht. Wer aber soll das tun, wenn keiner weiß, mit welchem Gas sie betrieben werden sollen? Auch die Betreiber müssen Geld verdienen können. Ihre Investition muss sich lohnen. Was ist, wenn sie es nicht tut? Soll dann die Bundesregierung einspringen, bei den ganzen Sondervermögen, die sie schon jetzt aufgesetzt und die das oberste Gericht zum Teil für verfassungswidrig erklärt hat?

Deutschland kann auf diese Gaskraftwerke nicht verzichten, auf ihnen ruht die Energiewende. Sie sollen in Zukunft mit Wasserstoff laufen statt mit klimaschädlichem Erdgas. Die Frage ist nur, wie weit diese Zukunft von der Gegenwart entfernt ist. Von den Wissenschaftlern, mit denen ich sprach, wusste es keiner. Dabei waren darunter welche, die selbst an Wasserstoff für die Industrie forschten. Aber es ist eben das eine, ob durch einige Leitungen in Deutschland schon Wasserstoff strömt, oder ob man eine ganze Nation an dunklen Tagen damit versorgen will. Selbst der frühere Bundesumweltminister Norbert Röttgen von der CDU war skeptisch. Röttgen ist ein überzeugter Anhänger der Energiewende, nach Fukushima trieb er zusammen mit Bundeskanzlerin Merkel den Atomausstieg voran. Nun aber sagte er mir, Wasserstoff sei »weit entfernt von einem Business Case«. Noch dazu ist er ungeheuer aufwendig herzustellen. Um einen Speicher damit zu füllen, muss man viel mehr Energie aufwenden, als dort am Ende drinsteckt. Woher sollte diese Energie kommen, wenn sie doch jetzt schon knapp war?

In allen Studien, die ich las, ist von Wasserstoff die Rede. Ganz Europa soll es in Zukunft nutzen und sich damit beliefern, falls es mal knapp wird. Das wird in diesen Texten vorausgesetzt. Überhaupt fiel mir bei der Lektüre auf, wie kühn viele Annahmen sind. Was die Fakten anging, war für mich alles klar. Aber politisch war ich jetzt in einer blöden Lage. Wer kann schon etwas gegen ein Energiesystem haben, das einzig und allein angetrieben wird von der unerschöpflichen Kraft des Windes und der Sonne? Die Alternative ist eines, das für Jahrzehnte weiter Kohle und Gas benötigt, oder die Atomkraft. Für Kernenergie sind vor allem Politiker der AfD, viele von ihnen halten den Klimawandel für eine Lüge. Ich fand, das sprach nicht gerade für Atomkraftwerke. Es gibt Politiker der Union und FDP, die Kernkraft ebenfalls für unentbehrlich halten, allerdings sagen das die meisten von ihnen nicht offen, sondern nur im privaten Gespräch. Sie fürchten, dass sie sich damit unbeliebt machen. Sollte ich so eine Position vertreten?

Ich hoffte, dass die Naturwissenschaftler die Studien verteidigen und mir mein Störgefühl ausreden würden. Sie taten allerdings das Gegenteil. Sie erzählten mir, dass die meisten

Studien zur Energiewende kein wissenschaftliches Verfahren durchlaufen. Von Studien zu reden, ist also schon irreführend. Es sind eher Berechnungen. Sie rechnen aber nicht aus, *ob* die Energiewende funktionieren kann. Dieses Ziel steht fest, es ist unverrückbar. Sie rechnen aus, wie man es mit den vorgegebenen Mitteln erreichen kann. Die Parameter werden so lange angepasst, bis die Rechnung aufgeht. Wir können die Wende schaffen, lautet die Botschaft, wir müssen dafür nur massenhaft Windräder und Solarpaneele errichten, unseren Energieverbrauch halbieren und 15-mal so viele Häuser mit Wärmepumpe ausstatten wie bisher. Wir müssen alle Autos mit Verbrennermotor durch Elektroautos ersetzen, den Verkehr auf den Straßen um ein Drittel senken, den Verbrauch der Industrie auch und viel weniger Fleisch essen. Und weil wir all das tun werden, können wir die Kernkraftwerke jetzt schon abschalten und auf das Fracking verzichten. Mir kam es vor, als würde man sagen: Wir können den Mars bis 2030 besiedeln, dafür müssen wir nur in einem Jahr den ersten bemannten Flug auf den Weg bringen, in zwei Jahren acht weitere bemannte Flüge und in vier Jahren mit dem Bau einer Bodenstation auf dem Planeten beginnen, die sich in fünf Jahren selbst versorgen kann. Und weil wir all das tun werden, können wir jetzt schon darauf verzichten, zusätzliche Sauerstofftanks in den Raumschiffen mitzunehmen. Das nimmt nur Platz weg, den wir für andere Dinge brauchen. So kann man es machen. Es gibt dann aber keinen Weg zurück mehr, wenn der Plan scheitert.

Ich weiß natürlich nicht, wie die Sache ausgeht. Vielleicht gelingt die Energiewende genau so, wie sie einmal vorgesehen war. Ich hätte dagegen nichts einzuwenden. Aber es gehört zu meiner Jobbeschreibung, auf Risiken hinzuweisen, und mir kommt es so vor, als würde die Regierung auf diesem Feld besonders hohe eingehen. Deswegen ist Energiepolitik für mich heute das spannendste Thema der Gegenwart. Innerhalb von drei Monaten hatte ich mich um 180 Grad gedreht. Mich interessierte jetzt jedes Detail daran, Umspannwerke, Leitstände und die Einstellwinkel von Windrädern. Wenn ich heute ein Foto von einem Strommast sehe, schreckt mich das nicht mehr ab. Ich frage mich, mit welcher Spannung er betrieben wird.

Vieles in der Politik ist interessant, über manches wird in diesem Land erbittert gestritten, zum Beispiel über die Migration oder den Umgang mit Russland und China. Aber von der Energie hängt alles ab. Ohne sie kann ein Land wie Deutschland nicht funktionieren. Sie hält unsere Zivilisation am Laufen, bis hin zur Toilettenspülung, die wir jeden Tag mehrmals drücken, ohne daran einen Gedanken zu verschwenden. Käme es in Deutschland zu einem Blackout, würden diese Spülungen ausfallen. Wir könnten auch nicht mehr tanken, denn die Pumpen an den Tankstellen würden ebenfalls ausfallen. Ampeln würden erlöschen, der Verkehr erlahmen, Züge blieben stehen, Flugzeuge am Boden. Es wäre so, als würde man einem Menschen die Hauptschlagader abklemmen. Alles bricht zusammen.

Ohne die Energie, die uns heute zur Verfügung steht, hätte die Moderne keine Chance gehabt. Bei der Industrialisierung denken viele zuerst an die Dampfmaschine von James Watt, aber diese Erfindung wäre ohne die Kohle bedeutungslos gewesen. Mithilfe der Kohle schufen die Menschen das Eisen für ihre Maschinen, und mit der Kohle trieben sie sie an. So kam eine ungeheure Dynamik in Gang. Die Menschen holten Kohle aus der Erde, um Maschinen zu bauen und anzutreiben, und mit den Maschinen konnten sie noch mehr Kohle abbauen. Richtig interessant wird all das in meinen Augen aber durch den Klimawandel. Er zwingt die Menschheit dazu, sich in kürzester Zeit von einer Energiequelle zu lösen, die ihr Leben auf dem Planeten seit 250 Jahren radikal geändert hat. Kohle, Öl und Gas haben Millionen Menschen aus der Armut befreit und von den Fesseln der irdischen Mühsal. Seit Europa fossile Rohstoffe verbrennt, hat sich die Lebenserwartung der Menschen mehr als verdoppelt. Krankheiten wurden ausgerottet, Mangelernährung gestoppt, Reisen um die Welt für viele möglich. Doch indem wir diese Rohstoffe verbrennen, zerstören wir zugleich unsere Lebensgrundlagen. Wir heizen das Klima mit einer Geschwindigkeit auf, die es aus dem Gleichgewicht bringt. Also müssen wir uns umstellen. Wir müssen so Energie verbrauchen, dass wir unsere Umwelt schonen. Zugleich sollte es aber genug sein, um das moderne Leben zu erhalten, das wir dieser Umwelt abgetrotzt haben. All das hängt entscheidend vom Energiesystem ab. Sicher, Häuser müssen gedämmt und effizienter beheizt werden, Autos mit Verbrennermotor müssen ersetzt werden durch Elektroautos, oder sie müssen klimaverträgliche Treibstoffe tanken. Sicher, die Industrie muss ihre Prozesse verbessern, unnötige Verschwendung muss enden. Das ist alles wichtig, damit die Transformation gelingen kann. Aber ohne ein klimaneutrales Energiesystem ist es wertlos. Es bringt nichts, den Akku eines Elektroautos mit Kohlestrom zu laden oder eine Wärmepumpe in ein Haus einzubauen, die dann mit Strom aus Gasturbinen angetrieben wird.

Gibt es einen Mangel an klimaschonender Energie, bleiben der Menschheit nur zwei Wege. Sie kann weiter Kohle, Öl und Gas verbrennen und damit die Erde zu einem unwirtlichen Ort für sich selbst machen. Oder sie kann auf Energie verzichten. Die große Frage ist deshalb: Wie sähe Klimaschutz durch Verzicht aus? Kann das funktionieren?

Zweites Kapitel

DIE SCHLANGE AM FLUGHAFEN KOS-HIPPOKRATES

Warum Verzicht für das Klima scheitern wird

Wir haben lange über einem 1-Euro-Shop gewohnt. Man kann dort alles kriegen, Nagelscheren, Tupperdosen, Sekundenkleber, Haribos, Shampoo und Spielzeugautos, der Preis ist immer gleich. Jedes Mal, wenn wir mit unserem Sohn an dem Laden vorbeigehen wollten, blieb er stehen. Manchmal kauften wir ihm etwas, manchmal nicht, aber was wir auch taten, es endete im Streit. Meine Frau fand, wir könnten ja mal eine Ausnahme machen, ich fand, den Krempel brauchten wir nicht. Die meisten Spielzeuge waren nach einer halben Stunde kaputt, ich hielt das für Verschwendung. Eines Abends schickte meine Frau mich noch mal runter mit dem Auftrag, ihr etwas zu besorgen. Ich war gerade fertig mit dem Einkauf und trat durch die Tür wieder auf die Straße, da begegnete ich einer Kollegin, die Tüte vom Laden in der Hand. Sie schaute mich mit einer Mischung aus Mitleid und Verachtung an. Wir sind dann zum Glück bald umgezogen.

In unserem Freundeskreis gibt es viele, denen ein sparsamer Umgang mit Ressourcen wichtig ist. Einer fliegt nur noch alle zwei Jahre in den Urlaub, ansonsten verreist er mit dem Camper. Ein anderer schreibt alle Gegenstände, die er sich im Jahr gönnt, auf eine Liste, Hosen, Sneaker, den neuen Milchschäumer. Wenn er bei Nummer 20 angelangt ist, kauft er nichts Größeres mehr, nur noch Sachen, die er wirklich braucht. Wer in unserem Viertel einen Termin beim Schneider machen will, sollte damit rechnen, dass es länger dauert. Viele haben kein Auto mehr, und wenn doch, fahren sie damit höchstens zum Einkauf oder zu den Großeltern auf dem Land. Was früher der VW Golf war, ist jetzt das Lastenrad: Wer eines hat, ist Teil einer Avantgarde. Nur dass an erster Stelle nicht mehr die Freiheit steht, loszufahren, wohin man will, sondern die Entscheidung, sich im Einklang mit dem Planeten fortzubewegen.

Die meisten sprechen gar nicht groß über ihr Verhalten. Es ist für sie selbstverständlich, es entspricht ihrem Lebensgefühl. Verzicht ist für die Leute in meinem Freundeskreis mehr als eine Notwendigkeit, um die Erde zu retten, er ist edel, ja sexy. Dieses Gefühl wirkt auch umgekehrt. Verschwendung ist mehr als nur moralisch falsch, sie ist abstoßend. Wer sinnlos Ressourcen verbraucht oder auch nur in den Verdacht gerät, sie zu verschwenden, ist uncool. Was für ein Unterschied zu den Rockstars früherer Jahre, die nicht nur ihr Leben vergeudeten, sondern alles, was sie in die Finger bekamen, und die trotzdem oder gerade deshalb Idole waren. Die Vorbilder von heute sind Instagrammer, die ihre Körper schonen und ihre Yogamatten selbst nähen. Dass sie für ihre Inszenierungen oft mehr in der Welt herumreisen als frühere Rockstars, spielt keine Rolle. Entscheidend ist die Wirkung der Bilder. Deshalb war es so unangenehm, der Kollegin vor dem 1-Euro-Shop zu begegnen.

Eines Abends schaute ich mit meiner Frau einen Vortrag der Wirtschaftsjournalistin Ulrike Herrmann vor dem Schauspiel Stuttgart vom Januar 2022 an, auf den ich zufällig bei Twitter gestoßen war. Er zog uns sofort in den Bann. Herrmann sprach über den Klimaschutz, aber so, wie wir es noch nie gehört hatten. Sie legte ihre Armbanduhr vor sich auf das Pult, strahlte die Zuschauer an, bedankte sich dafür, vor einem

Theaterpublikum sprechen zu dürfen, und dann erklärte sie den Besuchern in aller Ruhe, warum ihre Art zu leben keine Zukunft mehr hat. Herrmann redete nicht darüber, was passieren muss. Es war kein flammender Appell, keine Rede ins Gewissen. Die Moral blieb außen vor. Sie erzählte einfach, was passieren wird, ganz von allein.

Ihr Gedankengang war schnörkellos: Deutschland muss schnellstens umstellen auf Ökostrom, um klimaneutral zu werden, dazu gibt es keine Alternative. Wie gewaltig diese Herausforderung ist, verdeutlichte sie mit einer Zahl. Die Windkraft machte damals gerade einmal 5,4 Prozent des Endenergieverbrauchs in Deutschland aus. Bei der Solarenergie war es ähnlich. Das war alles, trotz der Hunderten von Milliarden von Euros, mit denen Deutschland die Erneuerbaren seit zwei Jahrzehnten fördert. Das Land musste also in wenigen Jahren noch ungefähr 90 Prozent seines gesamten Verbrauchs ersetzen. So ging es weiter. Weil der Wind nicht immer weht und die Sonne nicht immer scheint, muss man ihre Energie speichern. Das geht nur mit Batterien und Wasserstoff, und das ist aufwendig. »Daraus folgt etwas«, sagte Herrmann, »das man sich in aller Härte klarmachen muss: Ökoenergie wird immer knapp und immer teuer sein. Das ist nicht etwas, das im Überfluss zur Verfügung steht.«

Nun kam ihre eigentliche schlechte Nachricht. Wenn Energie knapp bleibt, kann die Wirtschaft nicht mehr wachsen, wie es in den 250 Jahren seit der Industrialisierung der Fall war. Sie muss also schrumpfen. Herrmann sprach im Plauderton über das Ende des Kapitalismus, ihre Armbanduhr immer im Blick. Nicht, dass sie noch überzog, die Leute wollten ja noch ein Theaterstück sehen.

Die verbliebenen Minuten nutzte Herrmann, um nüchtern darzulegen, was diese Schrumpfkur bedeutet. Die Menschen müssten zum Beispiel Abschied nehmen von Reisen mit dem Flugzeug. Dafür werde keine Energie übrig sein. Und zwar gar keine, sagte Herrmann, »egal ob es Kurzstreckenflüge sind oder Langstreckenflüge. Also, wenn wir hier wirklich klimaneutral werden wollen, dann ist das mit dem Fliegen vorbei, und zwar egal, ob es nach Bali geht, nach New York oder nur nach Mallorca.« Herrmann sah auch keine Zukunft mehr für das Auto, und damit für die Automobilkonzerne, keine für Bankangestellte, PR-Berater und Messelogistiker. Wer in diesen Branchen arbeitet, ist schließlich auf Wachstum angewiesen, und das würde ja bald enden. Zwischendurch scherzte sie noch mit dem Publikum. Das mit dem Auto sei für die Stuttgarter natürlich eher schlecht, sagte sie, und als jemand lachte: Wenigstens lachen Sie.

Wir diskutierten lange über diesen Vortrag. Mich erfrischte einerseits die Ehrlichkeit. Mir kam es vor, als hätte zum ersten Mal jemand auf offener Bühne ausgesprochen, was ich seit meinen Recherchen zur Energiepolitik befürchtete: dass die Rechnung nicht aufging. Andererseits erschütterten uns beide die Schlüsse, die Herrmann daraus zog. So drastisch hatte uns noch niemand ausbuchstabiert, was Klimaschutz zu Ende gedacht bedeuten könnte. Wir sind in den Neunzigerjahren aufgewachsen, und in den Dörfern, in denen wir lebten, flog damals fast jeder einmal im Jahr in den Urlaub. In den Serien und Filmen aus unserer Kindheit hebt alle zehn Minuten irgendwo ein Flieger ab. Viele in unserer Generation kauften sich ihr erstes Auto noch vor dem Abitur. Sie fuhren damit auf Partys, zum Grillen an den See, manchmal auch nur zum Spaß, die Fenster runter, die Anlage hochgedreht. Im Studium stiegen Kommilitonen nach einer Party einmal spontan in den Wagen und fuhren über Nacht nach Rom. Einfach so, weil sie es konnten. Sollte all das Vergangenheit sein?

In gewisser Weise wirkte der Vortrag aber auch befreiend. Der Verzicht für das Klima, der vorher dem Einzelnen aufgelegt war, ergab sich bei Herrmann automatisch. Er war nicht mehr mit einer persönlichen Entscheidung verbunden, sondern eine Folge von Energieknappheit, mit der man sich nur noch arrangieren musste. Herrmann tat etwas Geniales: Sie gab dem diffusen Gefühl, dass alle kürzertreten müssen, ein energiepolitisches Fundament. So machte sie die Entsagung zu einer Fügung des Schicksals. Keiner würde sich in Zukunft noch streiten müssen, ob er Billigspielzeug aus dem 1-Euro-Shop kaufen sollte. Für solche Dinge war die Ökoenergie sowieso zu knapp, ganz zu schweigen von den Geschäften, die sie anboten. Es würde keine Rolle mehr spielen, ob Plastikautos oder Jo-Jos nach einer halben Stunde kaputtgingen und zu Hunderten die Straßen vermüllten, denn es würde sie nicht mehr geben. Die Diskussion darüber, ob die Anschaffung irgendeines Gegenstandes gerechtfertigt war, erübrigte sich. Genauso wie der Neid. Niemand musste sich zum Wohle des Klimas noch etwas versagen, das sich andere gönnten. Alle mussten verzichten. Es war eine Frage der Energie, ganz einfach. Was damit in Zukunft an Konsumgütern hergestellt werden konnte, das brauchte wirklich jeder.

Herrmann entwarf nicht einmal ein politisches Programm. Sie kam ohne klassenkämpferische Parolen aus, ohne geballte Faust und jede Schrillheit. Niemand sollte den Kapitalismus abschaffen oder auf die Straße gehen und das Land lahmlegen, damit sich endlich alles änderte. Die Revolution konnte ausfallen. Sie würde von ganz allein passieren, jedenfalls wenn die Menschheit den Klimaschutz ernst nahm, und sie würde uns alle erlösen.

Ich fragte mich damals, ob das Schicksal, das Herrmann beschwor, vielleicht auch sein Gutes haben könnte. Die meisten Menschen in Deutschland haben genug zum Leben, genug zum Essen, zum Anziehen, sogar eine Waschmaschine und ein eigenes Zimmer. Vor hundert Jahren galt all das noch als Luxus. Ich gönne jedem seinen Wohlstand, aber hier ging es ja um Annehmlichkeiten, die die Menschen zulasten der eigenen Lebensgrundlagen genossen. Die Rechnung für all das wurde kommenden Generationen aufgebürdet. Wenn wir uns schon bescheiden mussten, dachte ich, warum dann nicht für die Rettung eines lebenswerten Planeten und die Zukunft unserer Kinder? Es gab jedenfalls schlechtere Gründe.

Tatsächlich würde die Welt am Ende sogar eine bessere sein, jedenfalls wenn es nach all denen ging, die Herrmanns These vertraten. Immer mehr Leute sprachen damals von einer schrumpfenden Wirtschaft, sie nannten es »Degrowth«. Das Thema dominierte bald die Talkshows. Sogar in der Politik fand es Resonanz. Die grüne Bundestagsabgeordnete Kathrin Henneberger sagte mir im Gespräch, »Degrowth« sei das »Ziel ihrer Politik«. Auch die Galionsfigur der Klimaaktivisten Greta Thunberg hing der Idee an. »Im heutigen Wirtschaftssystem können wir nicht nachhaltig leben«, schrieb sie in ihrem Buch, das gerade erschienen war. »Aber man sagt uns ständig, wir könnten genau das tun. Wir könnten auf nachhaltigen Autobahnen nachhaltige Autos, betrieben mit nachhaltigem Treibstoff fahren. Wir könnten nachhaltiges Fleisch essen und nachhaltige Erfrischungsgetränke aus nachhaltigen Plastikflaschen trinken. Wir könnten nachhaltige Fast Fashion kaufen und mit nachhaltigen Treibstoffen in nachhaltigen Flugzeugen fliegen.« Thunberg hielt das für unmöglich. Die Menschheit brauchte also einen Systemwechsel, sie musste sich befreien vom Dogma einer immer weiterwachsenden Wirtschaft. Diese Befreiung musste allerdings niemanden ängstigen, wie Umweltaktivisten mir im Gespräch versicherten. Im Gegenteil, sie würde die Menschen in eine strahlende Zukunft führen. In der Welt des »Degrowth« halfen ehemalige Piloten dabei, Windräder aufzustellen, und Automechaniker und ehemalige PR-Berater zogen mit dem Spaten in die Wälder. Dort brauchte die Gemeinschaft sie, um Moore zu renaturieren. Das ist keine triviale Angelegenheit, dafür braucht es geschulte Spezialisten. Noch dazu lohnt es sich, denn Moore speichern große Mengen an Kohlendioxid. Sicher, manche Menschen würden unglücklich darüber sein, dass sie ihren erlernten Beruf aufgeben mussten. Das musste aber nicht jedem so gehen. Vielleicht war der ehemalige Banker jetzt insgeheim glücklicher. Früher musste er stundenlang blinkende Zahlen und Kursausschläge auf einem Bildschirm anstarren, jetzt durfte er dabei helfen, die landwirtschaftliche Produktion umzukrempeln. Modedesigner konnten in der Wasserversorgung arbeiten, ehemalige Industriearbeiter Straßenbahnen fahren, Manager umschulen zum Experten für Gebäudedämmung. Arbeit gab es genug, bis zur Klimaneutralität war noch viel zu tun. Wenn alles gut ging, löste eine schrumpfende Wirtschaft sogar das Problem der »entfremdeten Arbeit«, mit dem sich unzählige Soziologen und Wirtschaftshistoriker befassten, seit Karl Marx es vor mehr als hundertfünfzig Jahren aufwarf. Die Menschen mussten jetzt keine bedeutungslosen Tätigkeiten mehr ausführen, nur um am Ende des Monats genug Geld auf dem Konto zu haben. Sie stellten keine nutzlosen Produkte mehr her, sie dachten sich keine sinnentleerten Werbesprüche mehr aus, um Bedürfnisse nach sinnlosen Dingen zu wecken. In der vom Kapitalismus befreiten Klimagesellschaft gab es nur noch sinnvolle Beschäftigungen.

Selbst für diejenigen, die keine Arbeit fanden, gab es eine Lösung. Sie arbeiteten einfach etwas weniger, erlöst von der Hektik und dem Stress der Moderne. Darben musste niemand, dafür sorgte der Staat. Weil Energie knapp war und der Staat sie zuteilen musste, stellte sich »die Gerechtigkeitsfrage vollkommen neu«, so drückte es Joel Schmitt von der »Letzten Generation« im Gespräch mit mir aus. War es zum Beispiel gerecht, dass reiche Menschen viel mehr CO_2 ausstießen als ärmere? Ist es gerecht, dass sie viel mehr Energie benötigen, um ihre Villen zu heizen? Dieses Problem löste der Staat, indem er Vermögende und Erben massiv besteuerte. Mit den Einnahmen stützte er die Schwachen. Man konnte also sagen, die Welt des »Degrowth« war durchaus fair, jedenfalls wenn man die Grenzen des Planeten zum Maßstab nahm. Die Ressourcen der Erde sind endlich, deshalb können alle nur noch so viel verbrauchen, wie es für den Erhalt des Planeten möglich ist. Wenn das aber bedeutete, dass sich alle einschränken mussten, dann war es doch nur folgerichtig, die Lasten gleichmäßig zu verteilen.

Am Ende würden die Menschen sogar gesünder leben, denn sie schonten den Planeten und sich selbst. Sie aßen zum Beispiel nur noch so viel, wie es die Ärzte ihnen schon seit Langem empfohlen hatten. Die Lebensmittel reichten aus, damit alle satt wurden, sie reichten aber nicht, um Fett anzusetzen. Wer verreisen wollte, konnte das natürlich weiter tun, mit dem Fahrrad oder mit dem Zug. Er hatte die Wahl, sich selbst zu bewegen oder zusammen mit anderen zu reisen und sich mit ihnen zu unterhalten. Er tat also entweder etwas für seine körperliche oder seine geistige Gesundheit. Gestresste und vereinzelte Menschen, die im Stau in ihren Autos festsaßen, waren Vergangenheit. In der Welt des »Degrowth« herrschte Gerechtigkeit, Gleichheit und Brüderlichkeit. Mit der Bekämpfung des Klimawandels würden die Menschen etwas erreichen, woran Generationen zuvor immer wieder gescheitert waren.

Kurz darauf planten wir eine Urlaubsreise. Noch durften wir ja fliegen, noch waren Flüge günstig. Ich schlug vor, einen Cluburlaub zu machen. Es wirkte so bequem, jemand kocht für die Familie, putzt die Zimmer, sorgt jeden Tag für ein Kinderprogramm. Doch Verwandte und Freunde rieten ab. Das macht man heute nicht mehr, sagte einer. Das ist nicht nachhaltig, sagte ein anderer, der vorschlug, wir sollten uns an der Ostsee ein Ferienhaus mieten. Cluburlaube würden in naher Zukunft aussterben, prophezeite er, man müsse schon jetzt damit rechnen, dass die Anlagen völlig runtergerockt seien und der Service schlecht. Wir fuhren trotzdem, nach Kos, »all-inclusive«. Zwei Dinge blieben mir in Erinnerung. Das erste war die Schlange vor dem Büfett. Von wegen Cluburlaube sind unbeliebt. Wir unterhielten uns mit Polen, Rumänen und Türken. Viele machten zum ersten Mal eine solche Reise. Sie waren stolz darauf. Wir schämten uns eher dafür. Das zweite, was mir in Erinnerung blieb, war die Schlange am Flughafen auf der Rückreise. Die Halle auf der griechischen Insel konnte nicht alle Urlauber auf einmal aufnehmen, sie war dafür nicht ausgelegt. Ein Bus nach dem anderen entlud seine Touristen, bis auf den Parkplatz staute sich die Masse. Ich stand mit meiner Familie in der Sonne, ein Gewirr verschiedenster Sprachen wehte über den

Platz, und da ahnte ich, dass Verzicht für das Klima schwierig werden könnte. Jedenfalls, wenn man die Menschen vor die Wahl stellte. Was Deutschland tut, ist das eine, dachte ich. Mag sein, dass die Deutschen für ein höheres Ziel Energiemangel in Kauf nehmen und sich mit einer schrumpfenden Wirtschaft abfinden. Aber dass es unsere Nachbarn tun werden, das hielt ich in diesem Moment, in der Schlange am Flughafen von Kos-Hippokrates, für ausgeschlossen.

Die Touristen, die dort mit uns standen, hatten sich ihren Urlaub hart erarbeitet. Ihre gute Laune ließ keinen Zweifel daran aufkommen, dass sie wiederkommen würden, wenn nicht auf diese Insel, dann auf irgendeine andere, wenn nicht in ihr altes Hotel, dann in irgendein anderes der Tausenden Resorts in der Ägäis oder der Adria. Welche demokratische Regierung sollte sie daran hindern? Sollte die polnische Regierung ihren Landsleuten erklären: Sorry, für solche Flüge ist die Energie zu knapp? Eher würden die Polen wieder Kommunisten an die Macht lassen, Hauptsache, sie versprachen, die Bürger mit dem Flieger verreisen zu lassen. Sollte die griechische Regierung ihrer Bevölkerung mitteilen: Entschuldigung, aber Hotelurlaube gefährden das Klima, wir müssen die Resorts und die Flughäfen per Erlass schließen, sucht euch im Sommer bitte alle eine andere Arbeit, ihr könntet doch wieder Schafe hüten? Es kam mir vollkommen weltfremd vor. Ich war mir sicher: Wenn man die Menschen in Europa vor die Wahl stellt, ob sie auf Flugreisen verzichten oder weiter Kerosin verbrennen wollen, dann werden sich die meisten dafür entscheiden, weiter Kerosin zu verbrennen. Dann werden sie Klimaschutz hintanstellen. Ich fürchtete sogar, dass viele sich gegen den Klimaschutz entscheiden, wenn man sie in aller Drastik fragt, ob sie ihren bisherigen Wohlstand erhalten wollen oder den Planeten. Jeder kann sich vorstellen, was es bedeutet, das eigene Auto und die eigene Wohnung zu verlieren. Das geht ohne viel Fantasie. Es braucht aber schon mehr Vorstellungsvermögen, um sich auszumalen, dass wir eines fernen Tages auf einem unwirtlichen Planeten leben könnten. Die Zerstörung unserer Lebensgrundlagen passiert schleichend, in manchen Regionen langsamer als anderswo, in einigen wird es sogar erst einmal angenehmer. Es ist einfacher, sich etwas Konkretes vorzustellen als so etwas Abstraktes wie den Klimawandel.

Ich dachte im Flugzeug länger über Verzicht nach. Wer wohlhabend ist, kann leicht verzichten. Es gibt dann ja genügend Alternativen. Es ist keine große Sache, dem All-inclusive-Urlaub am Mittelmeer zu entsagen, wenn die Eltern ein Ferienhaus in der französischen Riviera haben. Niemand braucht ein eigenes Auto, wenn er zur Not das von Freunden oder das der Großeltern nehmen kann. Verzicht ist also ein Privileg. Wer weniger privilegiert ist, dem fällt es schon schwerer, für das Klima zurückzustecken. In dem 1-Euro-Shop unter unserer alten Wohnung kauften häufig Menschen ein, denen man ansah, dass sie keine Spitzenverdiener waren. Vielleicht taten sie es ja aus genau jenem Grund: weil sie ansonsten nur schlechte Alternativen hatten. Sie hatten wahrscheinlich kein Geld übrig, um im Edelsupermarkt zwei Straßen weiter Shampoo und Spülung zu kaufen, sie brauchten das Billigshampoo zum Preis von einem Euro. Und wenn sie schon mal da waren, kauften sie für ihre Kinder eben noch eine Winkekatze für den gleichen Preis und eine Kinderschere für die Schule. Sie konnten froh sein, dass es in der Stadt wenigstens diesen einen Laden gab, in dem sie sich all diese Dinge ohne Probleme leisten konnten. Der Laden war für sie ein Geschenk, kein Übel.

Was der 1-Euro-Shop im Kleinen ist, ist der Flughafen im Großen. Der 1-Euro-Shop verkauft Dinge für den Alltag, der Flughafen Dienstleistungen für die Ferienzeit. Natürlich muss niemand in einen Flieger steigen, um in den Urlaub zu fliegen. Schon Urlaub selbst ist ein Privileg. Trotzdem gibt es Parallelen. Ein Europäer, der mit der Chartermaschine zum Urlaub in der Hotelanlage flog, hatte vielleicht keinen Campingwagen im Hof stehen, mit dem er an die Ostsee fahren konnte. Er hatte bestimmt auch niemanden in der Familie mit einem

Ferienhaus an der Riviera. Er stand vor der Wahl, das Last-minute-Angebot anzunehmen und für ein paar Tage ins Dreisternehotel auf Kos zu fliegen oder zu Hause zu bleiben. Eine einfache Entscheidung. Manchmal denke ich, dass in Deutschland zu selten getrennt wird zwischen der Moral und den Verhältnissen. Moralisch ist die Sache klar: Es ist schlecht, dass Flugreisen zulasten des Klimas so billig sind. Es ist schlecht, dass in China zulasten des Klimas jeden Tag Millionen Spielzeuge hergestellt werden, die in Europa nach ein paar Tagen im Müll landen. Aber es ist nun einmal so, dass daran viele Menschen verdienen, die Reiseveranstalter vor Ort, die Hoteliers in der Ferne, die Spielzeughersteller in China, die Ladenbesitzer in Europa. Selbst diejenigen, die dafür ihr Geld ausgeben, profitieren. Alle gewinnen. Nur die Umwelt verliert. Die Menschheit kann diese Verhältnisse nicht nur ändern, sie muss es sogar. Aber mit Moral allein kann man in einer Demokratie nichts erreichen. Dafür braucht man Mehrheiten. Ich war mir im Flieger nach Hause sicher, dass es für eine schrumpfende Wirtschaft und die daraus resultierende Kargheit in Europa keine Mehrheiten gab.

Ich fragte mich allerdings, wie das im Rest der Welt aussah. Die Folgen der Erderwärmung müssen ja vor allem die ärmsten Kontinente tragen, Afrika und Asien. Der Klimawandel bedroht dort ganze Landstriche, sie werden einfach zu heiß oder gehen langsam unter im Meer. Wem der Verlust der Heimat droht, der ist vielleicht eher bereit, auf Wirtschaftswachstum zu verzichten, dachte ich. Es ging hier schließlich um die Existenz. Wen interessiert schon der Mercedes in der Garage, wenn sein Land im grönländischen Schmelzwasser versinkt?

Tatsächlich war die Sache dort aber sogar noch eindeutiger, wie mir ein Mitglied der Grünen erklärte. Es war Ralf Fücks, Vorsitzender des Zentrums Liberale Moderne. Fücks setzt sich schon seit mehr als zehn Jahren mit »Degrowth« auseinander und widerlegte all meine Überlegungen mit einem einzigen Argument: Das weitere Wachstum auf der Welt ist gesetzt. Es

wird stattfinden, egal, was passiert. Es ist eine Art Naturgesetz. Im Moment leben 7,6 Milliarden Menschen auf der Erde,
erläuterte er. Fachleute der Vereinten Nationen gehen davon
aus, dass es bis zur Mitte des Jahrhunderts knapp zehn Milliarden sein werden. Die meisten von ihnen werden in Afrika
und Asien geboren. Ich versuchte mir klarzumachen, was das
heißt. Es bedeutet, dass innerhalb von nur wenigen Jahren so
viele neue Menschen auf der Erde geboren werden, wie 1950
auf der ganzen Welt lebten. In 25 Jahren kommen so viele
Menschen auf dem Planeten dazu wie davor in einer Zeit-
spanne von 30 000 Jahren. All diese Menschen haben Bedürfnisse, sie brauchen Essen, Kleidung, ein Dach über dem Kopf.
Die Nachfrage nach Gütern aller Art wird also steigen, so
viel ist sicher. Sie kann höchstwahrscheinlich auch befriedigt
werden, denn in der gleichen Zeit wird sich auch die Zahl
der Menschen im arbeitsfähigen Alter etwa verdoppeln, von
ungefähr drei Milliarden auf sechs Milliarden. Auch darunter
konnte ich mir kaum etwas vorstellen. Ich versuchte es wieder
mit einem Vergleich. Diese Zahl bedeutet, dass im Jahr 2050
so viele Menschen im arbeitsfähigen Alter zusätzlich auf der
Erde leben werden, wie es 1950 auf dem ganzen Globus gab,
jedes Baby und jedes Kind, jeden Rentner und jeden Greis
mit eingerechnet. Schon in diesen beiden Entwicklungen verbarg sich ein gewaltiges wirtschaftliches Wachstum, ganz von
allein. Es brauchte dafür keinen Aufschwung, wie man ihn im
Westen kennt, keine boomende Wirtschaft, keine kauffreu-
digen Bürger. Die Menschen konnten in Armut leben, ohne
Strom, Wasserversorgung und Straßen, trotzdem würde ihre
Wirtschaft wachsen. Schon allein, weil sie Getreide anbauen
und Vieh züchten, weil sie Milliarden neu hinzugekommene
Menschen versorgen mussten.

Ich stellte mir vor, dass nun noch eine dynamische Wirtschaft
dazukam. Angenommen, es gab einen Staat in der Region, der
politisch stabil blieb. Er verlegte jetzt Straßen, damit Händler
ihr Getreide in abgelegene Regionen bringen konnten. Dann

kamen die Handwerker, dann die Kaufleute. In einigen Häusern gab es bald fließendes Wasser. Bald darauf entdeckte die Regierung im Osten des Landes Kohlevorkommen, erschloss sie mithilfe von Krediten, und begann damit, Kraftwerke zu bauen. Die Bevölkerung war natürlich dafür, keine Frage. Die Wirtschaft brauchte Energie, und die Menschen wollten abends in ihren Häusern Licht haben. Klimawandel? Haben wir von gehört. Und jetzt lassen Sie uns bitte darüber reden, wie wir den Kohlestrom in den hintersten Winkel des Landes kriegen. Je länger ich darüber nachdachte, desto deplatzierter kam mir das Wort Verzicht vor. Wer arm ist, kann nicht verzichten. Er kann höchstens arm bleiben. Und diesen Menschen wollen wir weismachen, dass sie es für das Klima bitte schön für immer bleiben sollen? Dass sie nur noch Windräder und Solardächer bauen sollen, auch wenn deren Energie leider niemals ausreichen wird für das wirtschaftliche Wachstum, das sie just in diesem Moment aus der Armut befreite?

Das waren nicht nur Gedankenspiele. All das passierte wirklich, hinter den Kulissen, wie mir ein Bundestagsabgeordneter erzählte. Er engagiert sich schon lange in der Klimapolitik und war vor Kurzem zusammen mit Kollegen aus seinem Ausschuss in Indien gewesen. Die Abgeordneten trafen sich mit mehreren ranghohen Ministern des Landes, eine große Ehre. Bei einem dieser Treffen habe eine Politikerin der Grünen gefragt: Wo ist eigentlich eure Roadmap für den Kohleausstieg? Glaubt man dem Abgeordneten, dann waren die Minister irritiert. Sie stellten erst einmal ein paar Dinge klar. Zum Beispiel, dass die indische Bevölkerung gerade dabei ist, die chinesische zu überholen, und dass Indien bald das bevölkerungsreichste Land der Erde sein wird. Wir bauen hier auch Erneuerbare, sagten die Minister. Wenn ihr uns dabei unterstützen wollt, gerne. Aber wir werden unser Volk nicht unzufrieden machen, indem wir aufhören, Kohle zu verbrennen. Die Inder brauchten billige Energie, die rund um die Uhr verfügbar ist, und dafür nahmen sie sich die Rohstoffe, die zu ihren Füßen lagen.

Ich war jetzt im globalen Maßstab angelangt. Vom 1-Euro-Shop in Frankfurt zum Flughafen in Griechenland zum Kohlekraftwerk in Indien. Je weiter ich mich gedanklich aus Deutschland entfernt hatte, desto unrealistischer, ja vermessen kam mir die Idee vor, die Wirtschaft für das Klima zu schrumpfen.

Es gab für mich jetzt nur noch zwei Dinge, die das Wachstum der Weltwirtschaft wirklich bremsen konnten. Das erste waren Länder, in denen das Volk nicht selbst über seine Energiepolitik entscheiden durfte, sondern autokratische Politiker es taten. Angenommen, so jemand sah im Klimawandel die größte Gefahr für seine Herrschaft. Dann konnte er »Degrowth« natürlich befehlen. Aber danach sah es nicht aus, im Gegenteil. Die Führung in China baut so viele Kohlekraftwerke wie noch nie zuvor in der Geschichte des Landes und der Menschheit. Im Moment genehmigt sie rund zwei pro Woche. Staatschef Xi Jinping tut, was er tun muss, damit die chinesische Wirtschaft weiter wachsen kann. Für ihn ist das offenkundig unverhandelbar. Es stabilisiert das Land, es schafft Wohlstand für die immer selbstbewusster auftretende chinesische Mittelschicht. Ohne eine dynamische Wirtschaft würde Xi eine stillschweigende Übereinkunft aufs Spiel setzen: Die Wirtschaft ist Sache der Bürger, die Politik bleibt Sache der Partei. Er würde seine eigene Macht gefährden. Die ist für ihn wichtiger als der Klimaschutz, die Beweise dafür sind erdrückend. Das kann man bedauerlich finden, aber so ist die Realität, und die muss man hinnehmen. China ist ein großes Land mit noch größeren Ambitionen, es lässt sich von niemandem seine Politik diktieren.

Die zweite Sache war, dass die metallischen Rohstoffe knapp werden könnten. Darauf wies Ulrike Herrmann 2022 in ihrem Buch, *Das Ende des Kapitalismus* hin. Sie hatte gute Argumente. Herrmann wusste natürlich, dass alle früheren Prognosen über Rohstoffmangel danebengelegen hatten. Wann immer ein Expertengremium zu dem Schluss kam, dass Lithium für Batterien bald knapp oder die Förderung von Rohöl bald seinen Höhepunkt erreicht haben würden, entdeckten Staaten und Konzerne neue Vorkommen. Sie bohrten noch tiefer, trieben noch tiefere Stollen in die Erde, dachten sich immer neue Methoden aus, um an Minerale und fossile Rohstoffe zu kommen. Doch gleichgültig, wie sehr sich die Konzerne auch anstrengen mussten und wie teuer es wurde, am Ende rechnete es sich immer. Der Hunger in der Welt nach Rohstoffen war unersättlich. Noch dazu senkte der technische Fortschritt den Verbrauch. Ein Smartphone von heute hat eine 120 Millionen mal so hohe Rechenleistung wie der Computer in den Mondraketen, und es ist viel kleiner als der Rechenklotz bei den Apollo-Flügen. Darüber hinaus werden die wertvollsten Teile davon recycelt, wenn es mal kaputtgeht, zumindest ist das die Idee. Die Menschheit ist erfindungsreich. Bisher fand sie noch immer Wege, um ihren Fortschritt anzutreiben.

Herrmann sah aber Anzeichen dafür, dass die Plünderung der Erde nun doch an Grenzen gelangte. Die Preise für metallische Rohstoffe waren in den vergangenen Jahren explodiert. Wenn sie noch mehr anstiegen, würde sich irgendwann kein Staat mehr Abertausende Windräder und kein Bürger mehr einen Tesla leisten können. Dann würden nur noch Superreiche Elektroautos fahren, Musk und andere mussten die Produktion drosseln, und das System brach zusammen. Ich fand, dieses Argument war auf den ersten Blick schwer zu widerlegen. Hatte nicht schon die Corona-Pandemie gezeigt, wie dramatisch es ist, wenn Lieferketten zusammenbrechen? Plötzlich waren selbst Fahrräder zum Luxusgut geworden. Keine Arbeiter in der Stahlproduktion, keine günstigen Fahrräder. Das konnte man auch auf andere Rohstoffe übertragen. Kein Kobalt, keine Medizintechnik. Normalerweise verweisen Leute dann immer auf den Bericht des »Club of Rome« aus den 1970er-Jahren. Von wegen *Grenzen des Wachstums*, heißt es dann. Es gibt doch immer noch Unmengen an Ressourcen, allen düsteren Prophezeiungen zum Trotz. Mich überzeugt das nicht ganz. Die Autoren des Berichts lagen in vielem daneben, sie lagen aber nicht grundsätzlich falsch. Die Schätze in der Erdkruste sind endlich. Wenn Leute darauf hinweisen, dass sie sparsam eingesetzt werden sollten, finde ich das berechtigt. Viele dieser Stoffe sind in Millionen von Jahren in der Druckkammer des Planeten entstanden. Sie zu verschwenden, ist mindestens riskant. Irgendwann werden sie aufgebraucht sein, und dann könnte es sein, dass die Menschen sich fragen, ob es so klug war, damit alle zwei Jahre neue Handymodelle auf den Markt zu bringen, statt Forschungscomputer zu bauen.

Der Punkt ist nur, dass keiner weiß, wann diese Ressourcen ausgehen. Es weiß auch niemand, wie schnell sich die Technik weiterentwickelt. Die seltenen Erden auf der Erde könnten uns bald ausgehen oder eines fernen Tages. Aber solange sie vorhanden sind, wird es Konzerne und Staaten geben, die sie abbauen. Das kann man beklagen wie die chinesische Klimapolitik, aber so sind die Realitäten. Natürlich könnte die Staatengemeinschaft versuchen, daran etwas zu ändern. Sie könnte versuchen, sich auf Regeln zu einigen. Ich stelle mir das aber schwierig vor. Was Staaten mit ihren Bodenschätzen tun, ist ihre Sache. Sie werden sich da kaum von außen reinreden lassen. Wie vergeblich so etwas ist, kann jeder am brasilianischen Regenwald sehen. Was die Weltgemeinschaft auch tut, um ihn zu erhalten, er wird weiter abgeholzt. Es bringt eben kurzfristig mehr, ihn zu zerstören. So ähnlich ist es auch mit metallischen Rohstoffen. Viele Länder sind darauf angewiesen, sie zu verkaufen. So werden sie weiter in Waren verbaut.

Aus meiner Sicht machten die Vertreter des »Degrowth« außerdem einen entscheidenden Denkfehler. Sie unterschieden nicht trennscharf zwischen fossilen und metallischen Rohstoffen. Es kann schon sein, dass irgendwann die seltenen Erden knapp werden oder die Preise für Stahl explodieren. Es kann schon sein, dass die Menschheit ihren Plan aufgeben muss, in jede Ecke des Planeten ein Windrad oder Solardach zu stellen. Schon für Deutschland ist die Energiewende eine gigantische Materialschlacht. All das sorgt aber nur dafür, dass Ökostrom knapp ist. Fossile Rohstoffe gibt es laut BP noch immer genug im Boden, Öl würde bei gleichbleibendem Verbrauch noch für mehr als 50 Jahre reichen, Kohle sogar fast 140 Jahre. Kein Staat auf der Erde muss eine schrumpfende Wirtschaft hinnehmen, nur weil die Materialien für Windräder ausgehen. Er kann einfach weiter Kohle verbrennen. Wenn die Umweltaktivisten recht hatten, dann mündete diese Rohstoffknappheit also gerade nicht in die selbst verordnete Kargheit einer klimabewussten Weltgemeinschaft. Sie verschärfte eher das Problem, das sie doch gerade bekämpfen wollten. Sie führte dazu, dass alle noch viel mehr Kohle, Öl und Gas verbrannten und weiter die Erde aufheizten.

Den Klimawandel kann Deutschland also nicht bremsen, indem es sich künstlich kleinmacht. Das geht nur, wenn die Menschen im Rest der Welt mitmachen. Ich war mir nach all meinen Gesprächen sicher, dass sie das niemals tun werden. Sie haben kein Interesse an einer schrumpfenden Wirtschaft. Die ganze Debatte geht völlig an ihren Lebensrealitäten vorbei. Das gilt erst recht für all jene, die gerade dabei sind, sich aus den Fängen einer generationenübergreifenden Armut zu befreien. Sie werden ihre Wirtschaft antreiben, zur Not mit fossilen Rohstoffen. Wenn Wachstum und Klimaschutz tatsächlich nicht miteinander vereinbar sind, so wie Herrmann und Umweltaktivisten es sagen, dann ist die Erde dem Untergang geweiht.

Manchmal verzweifle ich an dieser Erkenntnis. Ich frage mich, ob es überhaupt einen Weg gibt, die Menschheit vor der eigenen Auslöschung zu bewahren. Dann kommt mir eine beunruhigende Frage in den Sinn: Geht das vielleicht nur mit Zwang?

Drittes Kapitel

MIT PANZERN NACH PEKING

Warum radikaler Klimaschutz die Demokratie gefährdet

Einmal teilte ein früherer Zeitungskollege bei Twitter den allerersten Leitartikel in der *Frankfurter Allgemeinen Zeitung* zum Klimawandel. Er stammt aus dem Jahr 1989. Die ersten beiden Sätze lauteten: »Nehmen wir einmal an, die Wissenschaft hätte nicht ganz unrecht. Dann betreiben wir derzeit das gewaltigste Experiment in der Geschichte der Menschheit.« In aller Klarheit wies die Autorin auf die Zusammenhänge hin.

Sie erklärte, dass Treibhausgase wie Kohlendioxid der Grund sind, warum Leben auf dem Planeten möglich ist. Sie strahlen Wärme zurück auf die Erde, die sonst ins Weltall entweichen würde. So haben sie die Durchschnittstemperatur von lebensfeindlichen minus 18 Grad erhöht auf plus 15 Grad, obwohl nur ganz wenig davon in der Atmosphäre ist. Nun kamen immer mehr Treibhausgase dazu. Seit mehr als hundert Jahren blies die Menschheit gewaltige Mengen in die Luft, indem sie Kohle, Öl und Gas verbrannte. Das würde das Klima verändern. Es war nur die Frage, wie stark.

Die Forscher versuchten, das mit Modellen herauszufinden, und was sie in diesen Modellen sahen, war »apokalyptisch«. Die Pole könnten schmelzen, der Meeresspiegel steigen, Sturmfluten, Dürren, Wirbelstürme und Hochwasser zunehmen. Die Autorin schloss mit den Worten: »Nehmen wir einmal an, die Wissenschaft hätte nicht ganz unrecht. Dann erscheint es dringend geboten, zu handeln.« Sie machte sich keine Illusionen darüber, was das bedeuten würde. Es wäre eine »gewaltige Anstrengung«, ein »Opfer«, es wären »Einbußen an Bequemlichkeit. Viele werden dies scheuen und auf Unsicherheiten in den Prognosen verweisen. Doch wollen wir wirklich warten, bis die Voraussagen der Wissenschaftler sich erfüllt haben?«

Mich machte der Artikel betroffen. Ich weiß, dass Forscher seit geraumer Zeit warnen, Klimawandel hatten wir schon in der Schule. Ich wusste aber nicht, wie deutlich die Warnungen schon damals waren. Der Text ließ keine Fragen offen. Er sagte sogar voraus, dass die Menschen die Unschärfe der Klimamodelle zum Vorwand nehmen würden, um weiterzumachen wie bisher. Die Ironie war, dass die Autorin mit dieser Prophezeiung ja eigentlich das Gegenteil hatte erreichen wollen. Sie wollte die Bürger aufrütteln und zur Umkehr bewegen. Und hier saß ich, 34 Jahre später, bei weit über 30 Grad in einem klimagekühlten Büro, und es war alles noch viel schlimmer gekommen. Seit 1989 hat die Menschheit keineswegs einfach weiter Treibhausgase ausgestoßen, sondern fast jedes Jahr mehr. Damals blies sie noch 21 Milliarden Tonnen Kohlendioxid in die Atmosphäre, heute ist es fast doppelt so viel. Jahrzehntelang holten die Bagger weiter Kohle aus der Erde, bauten die Staaten weiter Kraftwerke für Kohle und Gas, nahm der Flugverkehr zu. Die Sommer wurden heißer, die Winter milder, und doch diskutierte die Öffentlichkeit lange vor allem darüber, ob die Menschen auch wirklich selbst dafür verantwortlich waren oder vielleicht doch eher die Sonnenstrahlung oder der Neigungswinkel der Erdachse. Bücher, die den Klimawandel in Abrede stellten, verkauften sich glänzend. Es war ein Geschäft, offenbar nicht einmal ein besonders schmutziges.

Sicher, der Klimawandel war die meiste Zeit ein Problem der Zukunft. Politiker müssen sich um die Probleme der Gegenwart kümmern, dafür werden sie gewählt. Aber mit jedem weiteren Hitzerekord stieg der Handlungsdruck, und selbst das führte keine Wende herbei. Manchmal frage ich mich, ob die Menschheit dazu überhaupt in der Lage ist. Sie hatte jetzt lange genug die Gelegenheit. Aber Energie im Überfluss war immer wichtiger gewesen. Wer diesen Gedanken zu Ende denkt, kommt an einen interessanten Punkt. Er muss sich fragen, ob Zwang vielleicht der einzige Weg ist, um die Menschen vor sich selbst zu retten. Einige halten ihn für das geringere Übel, und sie haben durchaus Argumente. Die Alternative könnte irgendwann der Untergang sein, vielleicht eine Katastrophe von biblischem Ausmaß. Die Menschen müssten Kriege führen um die verbliebenen Ressourcen und das verbliebene Trinkwasser, sie müssten sich abschotten und einander beim Sterben zusehen. Ein sofortiges Tankverbot für Diesel und Benzin ist dagegen lächerlich, selbst wenn es die Wirtschaft schrumpfen und in eine schwere Rezession stürzen würde. Außerdem gab es ein ähnliches Verbot schon einmal, beim Ozonloch. Damals einigten sich die Staaten darauf, FCKW zu verbieten. Sie wendeten eine Katastrophe ab, und die Menschen kauften trotzdem weiter Kühlschränke. So könnte es auch beim Klimaschutz laufen. Die Menschheit wendet die Katastrophe ab, und die Menschen kaufen trotzdem weiter Autos, nur eben Elektroautos. Natürlich könnte es sein, dass es für einen solch harten Schnitt keine Mehrheit gibt. Aber wer sagt, dass es wirklich so ist? Vielleicht empfinden die Bürger ihn ja auch als Befreiung. Aus Sicht von Aktivisten wie Luisa Neubauer sind drastische Schritte beim Klimaschutz sogar der einzige Weg, um die Demokratie zu schützen. Wenn alles so weiterläuft wie bisher, so sagte sie es einmal im Fernsehen, dann ist das demokratische Gemeinwesen in Gefahr. Dann diktiert ein Notstand nach dem anderen den Menschen, was sie zu tun haben. Dann bleibt keine Zeit mehr, um noch irgendwelche Experten zu fragen, ob diese oder jene Aktion besser für den Klimaschutz geeignet wäre, geschweige denn die Bürger. Nicht die Einschnitte im Hier und Jetzt sind das Problem, ein ungebremster Klimawandel wird es sein. Um die Demokratie war es also bestens bestellt. Oder?

Einmal teilte im Internet jemand das Cover eines Buches von Graeme Maxton, ehemals Generalsekretär des Club of Rome. Es trug den Titel *Globaler Klimanotstand. Warum unser demokratisches System an seine Grenzen stößt*. Es stimmte natürlich, der Klimawandel kann irgendwann in eine allumfassende Umweltkatastrophe münden, das sagen Wissenschaftler seit Jahren. Es stimmte, die Demokratien in der Welt standen vor einer enormen Herausforderung. Trotzdem wollte ich genau wissen, was sich hinter diesem Titel verbarg. Wenn jemand schon in der Unterzeile schreibt, dass die Demokratie an Grenzen stößt, dann fängt es an, interessant zu werden. Ich war auf harte Kritik am Gemeinwesen gefasst und bestellte das Buch beim Verlag.

Maxton ging weit darüber hinaus. Er wollte gar keine Mehrheiten mehr gewinnen. Er fand das lästig. Er war sich sicher, dass die Bürger die Demontage des Wirtschaftssystems für das Klima ablehnten. Deshalb kritisierte er in seinem Buch das allgemeine Wahlrecht. Es gebe Menschen eine Stimme, die keine Ahnung haben. Leider hätten »aktuelle Auffassungen von Demokratie den Glauben daran verbreitet, dass jeder in einer Wahl eine gleichberechtigte Stimme und dass jede Meinung dasselbe Gewicht haben sollte«, schrieb er. »Dies ist verhängnisvoll und im Kontext des Klimawandels besonders problematisch.« Jetzt hatte der Mann meine Aufmerksamkeit.

Für Maxton war schon der Gedanke unlogisch, dass die Menschen gleich sein könnten. Die einen verstehen mehr von Politik, die anderen weniger. Die einen sind dick, die anderen dünn, die einen sind klug, die anderen dumm. Er führte also die individuelle Einzigartigkeit des Menschen an, um die Gleichheit vor dem Gesetz infrage zu stellen. Weil die Menschen unterschiedlich waren, mussten sie auch unterschiedlich behandelt werden, das war seine Meinung. Ich konnte beim Lesen keinen Unterschied mehr erkennen zwischen seiner Argumentation und der eines Adeligen gegenüber einem Bauern vor 500 Jahren.

Maxtons Vorbilder waren das antike Griechenland und das heutige China. Dort sind oder waren Personen an der Macht, die er für Experten hält oder hielt. Diese Leute haben nicht das Problem, »›die Mehrheit überzeugen‹ zu müssen«, schrieb er. Sie können tun und lassen, was sie wollen, ohne demokratische Kontrolle. So sollte es auch im Rest der Welt laufen, die Demokratie musste deshalb »rasch und radikal« reformiert werden. Das war für Maxton die eine Möglichkeit, um einen lebenswerten Planeten zu erhalten. Die andere war, »das aktuelle demokratische System zeitweilig außer Kraft« zu setzen und »radikale, globale Notstandsgesetze« zu erlassen. Mit Notstand meinte Maxton also keineswegs eine weltumspannende Umweltkatastrophe, wie ich es gedacht hatte. Er gebrauchte das Wort nicht im übertragenen Sinne, sondern im wörtlichen. Er forderte die Ausrufung des politischen Notstands.

Das fand er sogar besser, als sich mit unnötigen Demokratiereformen aufzuhalten, denn so sei es möglich, den Klimawandel noch schneller zu bremsen. Mindestens die Vereinigten Staaten, China, Japan, Russland und Indien sollten dabei mitmachen. Sie sollten eine schrumpfende Wirtschaft per Diktat durchsetzen. Um die Klimaziele der Weltgemeinschaft zu erreichen, »muss das Wirtschaftssystem weltweit rasch demontiert werden«, schrieb Maxton. »Millionen von Arbeitsplätzen werden dabei verloren gehen und viele Industrien werden stillgelegt.« Die meisten Menschen würden so einen Einschnitt ablehnen und am »neoliberalen Wirtschaftsdogma« festhalten, »mit seiner Forderung nach endlosem Wachstum und marktorientierten Lösungen für alle Probleme. Aber er ist unumgänglich.« Maxton wusste, wie radikal das war. Er ahnte auch, dass sich Länder weigern würden. Deshalb wollte er, dass eines voranging: Deutschland. Hier gibt es wenigstens Notstandsgesetze, hier können Grundrechte beschnitten und demokratische Entscheidungsprozesse zeitweilig außer Kraft gesetzt werden, um eine drohende Gefahr abzuwenden. Das gilt auch für Naturkatastrophen, und genau das war für Maxton der Klimawandel. Falls Deutschland den ersten Schritt tat, »würde es dies im Geiste einer Vorbildwirkung für andere Nationen tun«.

Zugegeben, schrieb er, all das wäre bei der Bevölkerung unpopulär. Aber dann musste man es ihr eben gut erklären. Zugegeben, schrieb er, das demokratische System müsste »für eine lange Zeit außer Kraft gesetzt werden – vielleicht sogar über Jahrzehnte«, und es konnte sein, dass die Politiker ihre Macht missbrauchten. Aber dann musste man für diesen Fall eben Vorkehrungen treffen. Zugegeben, es konnte sein, dass die Menschen das Gefühl bekommen, in einer Öko-Diktatur zu leben. Dann musste man ihnen eben klarmachen, dass es dazu keine Alternative gab.

Ich war mir zunächst unsicher, ob das Buch echt war. Was, wenn sich jemand einen Scherz erlaubt hatte? Immer wieder erzählte ich einem früheren Kollegen von einzelnen Passagen. Er vermutete, dass ich etwas überlesen hatte, eine Relativierung vielleicht. »Das meint der bestimmt nicht so«, sagte er. Er musste selbst die einschlägigen Seiten lesen, um sich zu überzeugen, dass es Maxton genau so meinte.

Sein Buch war wirklich erschienen, es war sogar schon vergriffen, wie mir der Verlag mitteilte. Auch Maxtons andere Bücher verkauften sich gut, eines war in Deutschland ein Bestseller. Das war unglaublich. Nach diesem Buch war Graeme Maxton ein Fall für den Verfassungsschutz, schon weil er das allgemeine Wahlrecht für überflüssig hielt. Es war beängstigend, dass ein Buch wie dieses in Deutschland so viele Leser hatte. Vor allem war es erstaunlich, dass es Linke gab, die die Ausrufung des Notstandes forderten, noch dazu auf der ganzen Welt. Früher haben sich diese Leute von Polizisten niederknüppeln lassen, um die Notstandsgesetze in Deutschland zu verhindern. Ich habe für ein Interview einmal lange mit einem von ihnen darüber gesprochen. Es war Wolfgang Eßbach, ehemals Soziologieprofessor in Freiburg. Eßbach war von 1968 bis 1969 Vorsitzender des Allgemeinen Studentenausschusses in Göttingen gewesen, in dem sich damals überzeugte Sozialisten und Kommunisten engagierten. Er und seine Mitstreiter interpretierten die Notstandsgesetze Ende der Sechzigerjahre wie das Ermächtigungsgesetz der Nationalsozialisten von 1933. Sie sahen darin den Versuch, die noch junge Bonner Republik abzuschaffen wie seinerzeit die Weimarer Republik. Nächtelang diskutierten sie darüber, ob sie in den bewaffneten Widerstand gehen sollten. Einige taten es. Der Rest der Geschichte ist bekannt. Bei Eßbach selbst war es eine Zeit lang unklar. Es waren auch die Gespräche mit seinem Lehrer Hans Paul Bahrdt, die ihn daran hinderten, so weit zu gehen.

Wahrscheinlich vertrat Graeme Maxton eine extreme Randposition. Dass andere so weit gingen wie er, war doch eher unwahrscheinlich, dachte ich. Ich teilte meine Eindrücke von der Lektüre in einer Reihe von Tweets mit. Hunderttausende sahen den Text. Ihre Reaktionen hatten es in sich.

Eine Frau, deren Profilbild mit dem Logo von »Fridays for Future« unterlegt war, kommentierte: »Aber könnte es nicht auch sein, dass die fortschreitende Klimakrise genau das nötig machen wird? Ich persönlich halte das Szenario für wahrscheinlicher: dass der Laden uns so um die Ohren fliegen wird, dass wir eine derartige Regierung brauchen werden.« Ein anderer Nutzer, Physiker, schrieb, Demokratien könnten die Klimakatastrophe durchaus überstehen. »Aber nur, wenn auch das Prinzip ›1 Mensch – 1 Stimme‹ ernst genommen wird.« Bisher gelte eher das Prinzip »1 Euro – 1 Stimme«. Ein laut Profilbild älterer Herr fand: »Hunger und Wassernotstand verhandeln nicht. Hitzewellen auch nicht. Es wird unter diesen Bedingungen keine Demokratie der Welt aufrechtzuerhalten sein.« Entweder die Menschheit finde jetzt einen Weg, oder alles werde zusammenbrechen. »Du bist besorgt über das Buch, aber nicht darüber, dass 1,5 Grad nur theoretisch einhaltbar sind«, warf mir jemand vor. Was genau sei jetzt an den betreffenden Passagen von Maxton »nicht nachvollziehbar«, fragte jemand. »Wird doch sinnvoll eins der Probleme des derzeitigen politischen Systems dargestellt.« Irgendwer wollte wissen, ob ich eigentlich auch die Berichte des Weltklimarats gelesen hatte. Ein anderer fragte sarkastisch: »Jetzt sagen Sie bloß, die schreiben da, dass Naturgesetze sich nicht um Abstimmungen in Parlamenten scheren?« Hätte die Menschheit das Ruder vor 30 Jahren umgelegt, meinte einer, »wäre das Ziel noch im ›Wohlfühlmodus‹ erreichbar gewesen. Jetzt aber ist die Zeit so knapp, dass es ohne Einschränkungen nicht mehr geht. Die können aber aus wahltaktischen Gründen nicht durchgesetzt werden. Demokratie chancenlos.« Es war also mehr als einer, der den Notstand guthieß, es waren Hunderte.

Aber was bedeutet das schon? Vieles, was die Leute in den sozialen Netzwerken schreiben, ist noch schriller als das, was sie an Stammtischen sagen. Der ständige Zwang, persönliche und emotionale Nachrichten zu schreiben, um Aufmerksamkeit zu erheischen, bringt fast jeden an seine Grenzen. Dazu kommen der unendliche Strom an Nachrichten und Trolle, die zum Spaß provozieren. Alles kann zum Skandal werden, selbst ein Bürger, der bei Grün die Straße überquert. Man muss die Kommentare zu Maxtons Buch deshalb nicht überbewerten. Es gab auch Nutzer, die kritische Bemerkungen schrieben, sie waren sogar in der Mehrheit.

Trotzdem war das alarmierend. Von wegen keiner will die Demokratie zum Wohle des Klimas abschaffen. Solche Leute gab es sehr wohl. Sie forderten es ganz offen, sie schrieben sogar Bücher darüber, und sie bekamen auch noch Beifall dafür.

Entscheidend ist allerdings, was die führenden Köpfe der Klimabewegung denken, die Mitglieder von »Fridays for Future« oder der »Letzten Generation«. Auf sie kommt es an. Sie sitzen in den Talkshows und erklären der Republik Abend für Abend, was jetzt zu tun ist. Wenn diese Leute finden, dass die Demokratie eigentlich abgeschafft gehört, und sei es auch nur indirekt, dann hat Deutschland ein Problem. Ihr Einfluss reicht in viele Wohnzimmer im Land. Ich wollte herausfinden, wie sie dazu stehen.

In den kommenden Tagen telefonierte ich zusammen mit einem früheren Kollegen Aktivisten ab, um sie auf ihre Haltung abzuklopfen. Die Gespräche gingen unspektakulär los. Alle bekannten sich zur Demokratie. Ein Graeme Maxton war zum Glück nirgendwo zu erkennen. Aber je länger sie redeten, je mehr sie von ihrer Verzweiflung erzählten, desto spannender wurde es. Plötzlich sagten sie doch Sätze, die aufhorchen ließen. »Ich stehe ziemlich unter Druck«, sagte eine Frau, die Mitglied bei »Extinction Rebellion« war. »Ich versuche, die massentauglichen Aktionsformen aufrechtzuerhalten, aber ich weiß nicht, wie lange ich das noch durchhalte. Es muss was passieren.« Wir fragten sie, ob Teile der Bewegung in den Extremismus abdriften können. »Ja, das kann passieren«, antwortete sie. Nikolaus Froitzheim, Professor für Geologie an der Universität Bonn, forderte im Gespräch eine »Notstandswirtschaft« mit »ganz dramatischen« Maßnahmen. Auf die Frage, ob Extremismus bei den Aktivisten nicht in der Luft liege, wenn alles so bleibt, wie es ist, sagte er: »Ja. Das liegt in der Luft.« Es waren also keineswegs nur Randfiguren, die an der Grenze zum Extremismus standen. Es waren auch Anführer der Klimabewegung darunter.

Man muss sich klarmachen, welch weiten Weg sie dafür zurücklegen mussten. Bewegungen radikalisieren sich nicht über Nacht. Sie entfremden sich langsam vom Rest der Gesellschaft. Ihre Mitglieder mauern sich ein in ihren Überzeugungen. Sie denken das Undenkbare, dann schieben sie es von sich, dann denken sie es wieder, und irgendwann gewöhnen sie sich daran. Es ist dann nur noch ein kleiner Schritt, das Undenkbare auch zu tun. An dieser Schwelle standen einige Aktivisten, das erzählten sie uns selbst. Natürlich müssen sie diese Schwelle nicht überschreiten. Sie können einen Schritt zurücktreten und alles noch einmal überdenken. Sie können sich aber kaum noch nach vorne bewegen, dann gibt es für sie bald keinen Weg mehr zurück. Die Konsequenz daraus muss für die Umweltschützer keineswegs sein, ein Waffenlager im norddeutschen Tiefland anzulegen und Terroranschläge zu begehen. Sie können Gewalt weiter ablehnen und trotzdem darauf hinarbeiten, die demokratische Grundordnung abzuschaffen.

Man muss nur der Wirtschaftspsychologin Maria-Christina Nimmerfroh zuhören. Sie wollte genau wissen, wie die Mitglieder der »Letzten Generation« denken, und meldete sich dafür bei einem Protesttraining an. Anschließend wertete sie Schulungsunterlagen und Videoaufzeichnungen aus, die ihr Aktivisten zugespielt hatten. Was sie im Interview mit meiner Kollegin Julia Schaaf über die Szene sagte, war deutlich. »Die ›Letzte Generation‹ hat ein anderes Demokratieverständnis«, sagte sie. »Sie will die bestehenden Strukturen, etwa den Bundestag, ersetzen.« Es gehe ihr darum, das »System der Entscheidungsfindung« in den Industrieländern zu verändern. Mag sein, dass sich Nimmerfroh nur unglücklich ausgedrückt hat. Aber wer den Bundestag »ersetzen« will, stellt sich gegen die Verfassung. Unterrichtsmaterial der »Letzten Generation« verstärkt diesen Eindruck. Auf einer Folie stehen laut Nimmerfroh die Sätze: »Unser parteipolitisches System ist ohnmächtig angesichts der notwendigen Veränderung.« Nötig sei »ein Systemwandel, eine Revolution«.

Irgendwann erkannte ich in meinen Gesprächen ein Muster: Zuerst waren die Aktivisten zu der Gewissheit gelangt, dass es sofort drastische Schritte brauchte, um die Menschheit noch zu retten. Dann erkannten sie, dass es dafür keine Mehrheit gab, jedenfalls nicht für die Maßnahmen, die sie für nötig hielten. Schließlich flirteten sie mit dem Autoritären. Manche direkt, andere auf verschlungeneren Wegen. Zusammengehalten wurden ihre Gedanken durch ein überwältigendes Gefühl der Dringlichkeit. Bei einigen hörte man es schon in der Stimme, sie klangen gehetzt. Es gab für sie kein wichtigeres

Thema mehr, und auch kaum noch ein anderes. Es ging um das Überleben der Menschheit, um Leben und Tod. Sie waren so besorgt, dass sie keine Kinder mehr kriegen wollten.

Mal angenommen, sie hätten recht. Mal angenommen, es kommt wirklich auf die nächsten fünf Jahre an, und danach ist alles zu spät. Wenn die Welt morgen untergeht, dann ist das Ende des Parlamentarismus noch das geringste Problem. Keiner fragt mehr nach dem Postgeheimnis, wenn Außerirdische die Erde angreifen. Erst kommt das Überleben, dann die Demokratie. Dafür gibt es Beispiele in der Geschichte. Die Hamburger Sturmflut 1962 überraschte die Stadtbewohner im Schlaf, Hunderte ertranken, viele retteten sich im letzten Moment auf Hausdächer oder Bäume. Dort saßen sie in ihren Schlafanzügen und drohten in der Kälte zu erfrieren. Innensenator Helmut Schmidt rief deshalb Oberbefehlshaber von NATO und Bundeswehr an und bat sie, Hubschrauberstaffeln loszuschicken, um die Menschen zu retten. Das war verfassungswidrig. Der Einsatz der Bundeswehr im Inneren war aus guten Gründen verboten, außer natürlich für die Landesverteidigung. Ein Politiker, der Soldaten bei jedem Hagelsturm befehlen kann, ihre Kasernen zu verlassen, der kann auch schnell mal mit Panzern den Reichstag abriegeln und eine Diktatur errichten. Schmidt setzte sich über diese Regeln hinweg. Trotzdem interessierte das damals vor allem ein paar Redakteure des SPIEGEL. Der Sachverständigenausschuss des Hamburger Senats lobte Schmidt nachträglich sogar für sein Verhalten.

So wohlwollend reagierten die Menschen nur, weil es tatsächlich um Leben und Tod ging. Die Rettung der Flutopfer duldete keinen Aufschub. Das war auch einer der Gründe, warum das Parlament einige Jahre danach die Notstandsgesetze verabschiedete. Es sollte eine gesetzliche Grundlage für Bundeswehrsoldaten geben, um bei Naturkatastrophen auszuhelfen. Natürlich nur in der allergrößten Not. Die entscheidende Frage war deshalb für mich: Wie groß war die Not beim Klimawandel?

Wenn es um das Klima ging, redeten Aktivisten und Politiker ständig über Kipppunkte. Sie meinten damit einen Zeitpunkt, an dem sich das Antlitz der Erde für immer wandelt. Gletscher schmelzen, der Regenwald verkümmert, und es wird immer heißer, egal, was die Menschheit noch tut. Die Katastrophe wäre nicht mehr abzuwenden.

Die »Letzte Generation« zum Beispiel rechtfertigte ihre Aktionen damit. Einmal standen in Berlin Rettungskräfte lange in einem Stau, den die Aktivisten verursacht hatten. Jacob Beyer verteidigte die Aktion im Radio mit den Worten: »Wenn wir als Menschheit uns eine Zukunft sichern wollen, in der wir gut leben können, weil wir die grundlegendsten Ressourcen noch zur Verfügung haben, dann müssen wir jetzt handeln. Da geht es darum, dass wir im Klimasystem Kipppunkte haben, und wenn wir diese erreichen, dann erhitzt sich die Erde immer weiter von selbst. Diese Punkte werden wir in den nächsten zwei Jahren reißen, das sagen nicht wir, das sagt die Wissenschaft.« Vor der Bundestagswahl sprach auch Robert Habeck von den Grünen einmal im Fernsehen darüber. Die Menschen müssen den Klimawandel so begrenzen, argumentierte er, dass zum Beispiel der Permafrostboden in Sibirien nicht auftaut. Wenn dieser »Kipppunkt« überschritten werde, entweiche Methan und beschleunige die Erderwärmung ganz von allein auf »drei oder vier oder mehr Grad«. »Dann«, schloss Habeck, »ist tatsächlich Holland in Not«.

Wenn das stimmt, ändert es die Gleichung. Schlimm genug, dass der Planet immer heißer wird, je mehr Treibhausgase in die Atmosphäre gelangen. Aber wenn ein Punkt existiert, an dem es kein Zurück mehr gibt und die Apokalypse sich unaufhaltsam vor den Augen der Menschheit entfaltet, dann ist alles noch viel dramatischer. Es ist völlig klar, dass die Weltgemeinschaft niemals auch nur in die Nähe eines solchen Punktes gelangen darf. Das wäre viel zu riskant. Es ist deshalb die alles entscheidende Frage, wann diese Kipppunkte eintreten. Davon hängt ab, wie hart die Einschnitte schon jetzt sein müssen, und auch, ob die Menschen noch Rücksicht nehmen können auf demokratische Aushandlungsprozesse.

Ich sprach darüber mit führenden Klimaforschern. Ich wollte von ihnen wissen, ob die Wissenschaft genau bestimmen kann, wann Kipppunkte im Klimasystem eintreten. Die Sache war nur, dass sie etwas ganz anderes sagten. Sie hielten schon den Begriff Kipppunkt in vielen Fällen für irreführend. Jochem Marotzke zum Beispiel, Klimatologe und Direktor am Max-Planck-Institut für Meteorologie in Hamburg, bezeichnete Habecks Aussagen als »maßlos übertrieben«. Er und seine Kollegen erwarteten, dass sich die Erde durch entweichendes Methan um 5 Prozent zusätzlich erwärmt, höchstens 10 Prozent. Das sind 0,1 bis allerhöchstens 0,3 Grad, keinesfalls 1 Grad, schon gar nicht 2 oder noch mehr. Selbstverständlich ist das immer noch gefährlich. Jedes Zehntelgrad zusätzliche Erwärmung ist ein Problem. Es ist aber etwas völlig anderes als ein Planet, der sich ohne Zutun der Menschen um mehrere Grad erhitzt. Marotzke hielt das Methan aus dem Permafrost deshalb für eine der »am meisten überschätzten Gefahren überhaupt«. Er ist ein renommierter Forscher auf seinem Gebiet, er sollte es wissen. Im neuesten Bericht des Weltklimarats war er einer der beiden koordinierenden Leitautoren des vierten Kapitels, »zukünftiger Klimawandel: szenariobasierte Projektionen und kurzfristige Information«. Marotzke konnte genau erklären, warum das Methan im Permafrost weniger schlimm ist als oft angenommen. Da war zunächst einmal das Molekül selbst. Für sich genommen ist es 25-mal so klimaschädlich wie Kohlendioxid. Aber nur, weil so wenig Methan in der Atmosphäre ist. Wenn immer mehr dorthin gelangt, kann ein einzelnes Molekül nicht mehr die gleiche verheerende Wirkung entfalten.

Es kann auch keiner sagen, wie viel Methan eigentlich entweicht, wenn der Permafrostboden auftaut. Das Gas entsteht nämlich nur dann, wenn Biomasse, die dort über Jahrtausende eingefroren war, im Wasser verrottet. Verrottet sie allerdings an der Luft, dann entsteht Kohlendioxid. »Das Bild, was viele haben, ist: Methan kommt raus, verstärkt die Erwärmung, noch mehr kommt raus, und wir sterben«, sagte Marotzke. »Aber es geht um die Menge, so viel kommt da nicht raus, und es dauert lange.« Andere Wissenschaftler hielten die Gefahr aus dem Permafrostboden ebenfalls für übertrieben. Marotzkes Kollege Bjorn Stevens, der Geschäftsführende Direktor des Max-Planck-Instituts für Meteorologie in Hamburg, hatte dafür noch ein weiteres Argument: Methan oxidiert. Es hat keine sehr lange Lebensdauer, rund zehn Jahre, danach wird es zu Kohlendioxid. Stevens gehört zu den meistzitierten Geowissenschaftlern in Deutschland und war am fünften Sachstandsbericht des Weltklimarats als Leitautor beteiligt. Er hielt es für völlig unberechtigt, hier von einem Kipppunkt zu reden. »Was ist ein Kipppunkt?«, fragte er mich. »Ein Stuhl kippt um, jemand stirbt. Das Bild, das beim Methan gezeichnet wird, ist: Alles kommt auf einmal raus. Aber das ist nicht wahr, denn aus Teilen der Arktis entweicht schon jetzt Methan, aus anderen später. Es wird ein gradueller Prozess sein.«

Dieses Problem gab es nach Ansicht der Forscher mit vielen Kipppunkten. Das meiste war unsicher. Es ging schon damit los, dass keiner sagen konnte, wann sie eintreten werden. Das klang bei den Aktivisten ganz anders. Carla Reemtsma von Fridays for Future zum Beispiel begründete das 1,5-Grad-Ziel in einem Interview einmal damit, Kipppunkte zu vermeiden. Laut Marotzke hatte dieses Ziel aber gar nichts mit einer wissenschaftlichen Analyse von Kipppunkten zu tun. Es ging damit weiter, dass die Änderungen, die Kipppunkte hervorrufen, zwar abrupt sein können, in manchen Fällen aber eben doch reversibel. Auch über die Folgen weiß man noch zu wenig. Erst recht erhitzt sich die Erde keinesfalls einfach immer weiter von selbst. »Das ist Katastrophenlyrik«, sagte Marotzke.

Sogar Thomas Stocker von der Universität Bern kritisierte das Konzept der Kipppunkte. Stocker wirkt seit 25 Jahren an den Berichten des Weltklimarats mit, er wäre fast selbst sein Vorsitzender geworden. Er hat Bahnbrechendes für die Klimaforschung geleistet, seine Kollegen nennen ihn nur »Mister Weltklimarat«. Mister Weltklimarat sagte jetzt: »Der Klimawandel kann durchaus Systemänderungen hervorrufen, was dann regional große Auswirkungen haben kann. Wo aber solche Kipppunkte sind und ob sie dann tatsächlich überschritten werden, dahinter steht ein großes Fragezeichen.«

All das hieß keineswegs, dass die Forscher den Klimawandel für ungefährlich hielten, im Gegenteil. Darauf wiesen sie immer wieder hin. Der Klimawandel wird nach ihren Worten Wetterextreme hervorrufen, Dürren, Überschwemmungen, er kann Landstriche komplett verändern, was für die dort ansässigen Menschen katastrophal wäre. Die Wissenschaftler stellten auch nicht in Abrede, dass es Kipppunkte gab, die gibt es in jedem komplexen System. Dann wird ein vorher stabiles System instabil. Der grönländische Eisschild könnte schmelzen, und wenn er einmal weg ist, wird er nur bei einem neuen Eiszeitalter wiederkommen, im Planungshorizont der Menschen also nie mehr. Alle waren sich einig, dass mehr passieren musste, um die Erderwärmung wirksam zu begrenzen. Trotzdem fanden sie es problematisch, wie die Öffentlichkeit über Kipppunkte sprach.

»Was mich an der ganzen Diskussion stört«, sagte mir Stevens, »die Leute verwenden ein Wort, von dem sie meinen, sie würden es verstehen. In Wahrheit tun sie es aber nicht. Mit diesem Wort wird dann ein Handlungsdruck erzeugt. Es deckt sich aber nicht gut mit unserem Kenntnisstand. Es ist spekulativ.« Ihn störte das. »Der Begriff Kipppunkt zeigt einen mangelnden Respekt vor den Zuhörern. Man muss die wissenschaftliche Sprache manipulieren, um wirkungsvoll zu sein. In Wahrheit«, sagte er dann noch, »wird hier ein Begriff geschmiedet und danach beurteilt, wie wirksam er eine öffentliche Reaktion hervorrufen kann. Das altmodische Wort dafür ist Propaganda.«

Diese Sätze waren hart, aber Stevens wirkte auf mich nicht wie ein Hitzkopf. Eher wie jemand, der lange geschwiegen hatte und nun das Gefühl hatte, dass er als Experte ein paar Dinge geraderücken musste. Selbst in dieser Lage blieb er noch vorsichtig. Das Wort Propaganda war der Schlusspunkt einer langen Reihe von Ausführungen. Nach dem Gespräch schickte er mir eine Mail. »Ich frage mich die ganze Zeit, ob das deutsche Publikum das Wort ›Propaganda‹ genauso interpretiert wie ein englischsprachiges«, schrieb er. »Ich bin noch unentschlossen.« Stevens war also jemand, der seine Worte mit Bedacht wählte.

Es war nun die Frage, wer das Konzept eigentlich in die öffentliche Debatte eingeführt hatte. Bei meiner Suche stieß ich auf einen wissenschaftlichen Aufsatz aus dem Jahr 2008. Er war in der Fachzeitschrift der amerikanischen Nationalen Akademie der Wissenschaften erschienen. Es handelte sich um die Einführungsschrift von Hans Joachim Schellnhuber, der damals in die Akademie aufgenommen wurde. Schellnhuber hat das Potsdamer Institut für Klimafolgenforschung gegründet und bis 2018 selbst geleitet, eine der einflussreichsten Forschungsanstalten in Deutschland. Fast immer, wenn es in der öffentlichen Debatte um den Klimawandel geht, kommt jemand von diesem Institut zu Wort. Schellnhuber ist also ein Star der Klimaforschung. Deshalb war es kein Wunder, dass die Nationale Akademie der Wissenschaften in Amerika ihn in ihre Reihen aufnahm. Interessant war aber, was auf ihrer Internetseite über seine Motivation stand, den Begriff »Kipppunkte« erstmals zu verwenden. »Nach vielen erfolgreichen und einigen gescheiterten Versuchen, politischen Entscheidungsträgern und Geschäftsführern den Klimawandel zu erklären«, stand dort, »hat Schellnhuber ein gutes Gespür dafür, was funktioniert und was nicht.« Zu einem BBC-Journalisten sagte er einmal – das stand dort wirklich so –: »Das sind, mehr oder weniger, Kipppunkte im Klimawandel. Der Journalist verstand sofort.«

Das klingt nicht gerade nach einer wissenschaftlichen Motivation. Eher nach einer politischen. Man nimmt das Wort, das am besten hängen bleibt. Selbst im Aufsatz klang diese Motivation an. »Viele der Systeme, die wir betrachten, haben bisher noch keine überzeugend etablierten Kipppunkte«, schrieben die Autoren da. »Nichtsdestotrotz scheint es geboten, potenzielle Kippelemente im Klimasystem durch menschlichen Einfluss zu untersuchen«, und zwar – auch das stand da so – »weil der politische Wille gestiegen ist, feste Klimaziele zu definieren und zu rechtfertigen, und weil es ein gestiegenes gesellschaftliches Interesse gibt an nicht linearen Klimaveränderungen.« Die Forscher wollten der Politik also auch helfen, ein Temperaturziel festzusetzen und zu rechtfertigen. Deshalb beschäftigten sie sich mit Kipppunkten. So formulierten sie es selbst.

Kipppunkte konnte es natürlich trotzdem geben. Vielleicht war Schellnhuber einfach nur besonders gut darin, der Öffentlichkeit seine Forschungsergebnisse zu präsentieren. So etwas ist unter Wissenschaftlern eher selten. Es kann Neid hervorrufen. Manche haben vielleicht Grundlegendes für die Forschung geleistet und werden trotzdem kaum wahrgenommen. Und hier betrat jetzt ein Forscher die Bühne, redete von Kipppunkten, und schon waren alle Scheinwerfer auf ihn gerichtet. Vielleicht war das ja das Problem.

Das Papier, in dem Schellnhuber die Kipppunkte einführte, war als sogenannte »Perspective« gekennzeichnet. Auf der Internetseite der Nationalen Akademie stand, was darunter zu verstehen ist. Es soll »ein wissenschaftliches Problem identifizieren«, »neue Einsichten zu seiner Lösung bieten« und sich an »ein breites wissenschaftliches Publikum wenden«. Es war also etwas anderes als eine Studie, die Forschungskollegen streng begutachten mussten. Es war eine Art Meinungsbeitrag. Das bestätigte mir die Nationale Akademie der Wissenschaften selbst. Sie schrieb in einer Mail, dass »Perspectives« keine neuen Daten enthalten müssen. Wenn heutige Forscher des Potsdamer Instituts für Klimafolgenforschung über diesen Aufsatz reden, klingt das allerdings anders. Ricarda Winkelmann, Arbeitsgruppenleiterin für Eisdynamik beim PIK, sagte zum Beispiel einmal in einem Interview: »In einer Studie im Jahr 2008 wurden dann erstmals systematisch eine ganze Reihe solcher potenzieller Klima-Kippelemente identifiziert.« Sie bezog sich auf besagten Aufsatz von Schellnhuber. Nun haben die Autoren des Aufsatzes tatsächlich etwas systematisch ausgewertet, nämlich die Aussagen von Wissenschaftskollegen. Die baten sie um ihre Einschätzung zu Kipppunkten. Das ist ein übliches Vorgehen, gerade bei neuen wissenschaftlichen Fragestellungen.

Trotzdem denkt man als Laie an etwas anderes, wenn man von einer systematischen Studie hört. Man würde denken, Forscher sind ins Eis gefahren und haben dort Probebohrungen gemacht oder sie haben in der Arktis gemessen, wie viel Methan entweicht. Man würde meinen, sie haben alle Wetterdaten ausgewertet, die sie auftreiben konnten. Beim Lesen der Interviews und Artikel wirkte es immer so, als wüssten die Forscher schon alles über Kipppunkte. Als würde es jetzt nur noch darum gehen, wie die Menschheit sie vermeiden kann.

Mittlerweile gibt es mehr wissenschaftliche Aufsätze über Kipppunkte oder Kippelemente. Einer stammt aus dem Jahr 2021. Verfasst haben ihn Nico Wunderling, Winkelmann und andere Autoren. Sie untersuchen mögliche Kaskaden von Kippelementen, ob es also möglich ist, dass sie sich gegenseitig verstärken. An dieser Fragestellung muss die Weltöffentlichkeit ein großes Interesse haben, es kann gar nicht anders sein. Davon kann Wohl und Wehe der Menschheit abhängen. Wenn Kipppunkte sich wirklich gegenseitig verstärken, könnten wir bald auf einem Planeten leben, gegen den die Welt aus den Mad-Max-Filmen noch heimelig wirkt.

Ich rief Forscher Stevens an, um mit ihm darüber zu reden. Er kritisierte das Papier deutlich. Für ihn handelte es sich um »ein sehr simples mathematisches Modell«. Stevens wies daraufhin, wie groß die Unsicherheiten bei solchen Modellen waren. Er beschrieb die Vorgehensweise der Forscher wie folgt: »Was würde passieren, wenn sich Eismassen so verhalten, wie unser Modell annimmt? Was würde passieren, wenn die verschiedenen Kippelemente so miteinander zusammenhängen, wie wir es annehmen?« Die eigentliche Frage sei aber doch eine andere. »Verhält sich die Welt so wie angenommen? In den meisten Fällen wissen wir, dass sich der Planet nicht so verhält wie das einfache Modell annimmt.« Stevens hatte kein grundsätzliches Problem damit, so zu forschen, und deshalb auch keines mit dem Aufsatz. Er fand auch die Ergebnisse interessant und diskussionswürdig. In der Fachwelt, wohlgemerkt. Was ihn störte, war die breite Diskussion über ein Horrorszenario, von dem kein Mensch seriös sagen konnte, ob es überhaupt jemals eintritt. »Man muss dann schon sagen können, wie wahrscheinlich dieses Szenario ist«, sagte er. »Ansonsten kann man sich die öffentliche Debatte sparen.«

Mag sein, dass einige wenige Wissenschaftler die Debatte selbst aufgeheizt hatten. Dafür hätten sie allen Grund gehabt. Jahrelang mussten sie dafür kämpfen, dass die Öffentlichkeit den Klimawandel überhaupt ernst nahm. Erst wurden sie ignoriert, dann Witze über sie gemacht, dann wurden sie angefeindet. Vielleicht hatte das bei einigen Spuren hinterlassen. Wer sich sein ganzes Leben lang gegen Angriffe verteidigen muss, der hat Schwierigkeiten damit, lockerzulassen, wenn sie plötzlich aufhören. So jemand bleibt innerlich immer in Kampfaufstellung. Jahrelang hatten Klimaforscher drastische Worte wählen müssen, um den Bürgern klarzumachen, was der Klimawandel mit ihrer Welt anrichten würde. Nun war es endlich geschafft. Kaum einer mehr stellte den Klimawandel selbst infrage. Aber immer noch tat die Weltgemeinschaft zu wenig. Wer könnte es den Forschern da verübeln, wenn manche nun über das Ziel hinausschossen und besonders drastische Worte wählten? Es war ja für die gute Sache, für die Rettung eines lebenswerten Planeten.

Es könnte aber auch sein, dass für die überhitzte Debatte Politiker und Journalisten verantwortlich waren. Vielleicht wollten sie die Bürger aufrütteln. Vielleicht überspitzten sie, ohne dass es ihnen bewusst war. Was auch immer der Grund war, die Öffentlichkeit diskutierte völlig verkürzt über Kipppunkte. Und dort, in der öffentlichen Arena, entsteht der Handlungsdruck. Etwaige Kipppunkte im Klimasystem werden allerdings nicht in den nächsten zwei Jahren auftreten, so viel ist sicher. Sie werden die Welt auf keinen Fall zusätzlich um mehrere Grad aufwärmen. Niemand kann im Moment sagen, ob sie sich überhaupt jemals gegenseitig verstärken. Und ganz sicher bleibt der Menschheit noch Zeit für demokratische Aushandlungsprozesse.

Man muss sich die Alternative einmal in aller Deutlichkeit vor Augen führen. Ich sprach darüber einmal mit einem Forscher, der nicht möchte, dass ich ihn namentlich nenne. Der Mann war besorgt, dass seine Studenten immer mehr in Panik wegen des Klimawandels gerieten. Es war so gravierend, dass manche freimütig darüber redeten, demokratische Freiheiten einzuschränken. Das beunruhigte ihn. Klimaschutz sei wichtig, sagte er mir, er sollte erstrangiges Ziel der Politik sein, aber er fand es gefährlich, ihn in letzter Konsequenz über alles andere zu stellen. Er forderte mich auf, das einmal zu durchdenken. »Sind wir bereit«, fragte er, »China per Ultimatum aufzufordern, seine neuen Kohlekraftwerke nicht in Betrieb zu nehmen? Sind wir bereit, dem Land den Krieg zu erklären, wenn es sich weigert? Sind wir bereit, mit Panzern nach Peking zu fahren? Das ist die Konsequenz.«

Auch das Bundesverfassungsgericht ist in der Sache eindeutig, das wird oft missverstanden. Der Beschluss zum Klimaschutzgesetz galt damals als wegweisend, immer wieder berufen sich Aktivisten darauf. Klimaschutz darf nicht zulasten kommender Generationen vernachlässigt werden, heißt es dann, er hat jetzt absolute Priorität. Mit dem Wort absolut sollte man aber vorsichtig sein. Tatsächlich hat das Gericht festgestellt, dass der Klimaschutz kein absolutes Vorrecht gegenüber anderen Verfassungsgütern hat. Er muss abgewogen werden. Im Urteil steht Folgendes: »Klimaschutz genießt keinen unbedingten Vorrang gegenüber anderen Belangen, sondern ist im Konfliktfall in einen Ausgleich mit anderen Verfassungsrechtsgütern und Verfassungsprinzipien zu bringen. Dabei nimmt das relative Gewicht des Klimaschutzgebots in der Abwägung bei fortschreitendem Klimawandel weiter zu.« Soll heißen: Je länger wir warten, desto härter müssen die Einschnitte werden. Aber doch wohl kaum: Es bleibt keine Zeit mehr.

Es ist nicht ohne Ironie, denn auf der einen Seite haben die Aktivisten völlig recht und auf der anderen Seite vollkommen unrecht. Sie liegen richtig, wenn sie sagen, dass die Weltgemeinschaft wertvolle Zeit verschwendet hat. Das stimmt leider. Sie liegen aber gründlich daneben, wenn sie behaupten, dass die Zeit abgelaufen ist. Wer so redet, den hat die Panik in die Falle geführt. Dabei ist eine dynamische Wirtschaft in Wahrheit das Beste, was dem Klimaschutz passieren kann.

Viertes Kapitel

DER ALTE PORSCHE UND DAS KLIMA

Warum Wachstum das Beste ist, was dem Klimaschutz passieren kann

Einmal besuchte ich im Studium eine Veranstaltung von Franz-Josef Brüggemeier zur Industrialisierung. Ich rechnete damit, dass der Professor vor allem über ihre Errungenschaften sprechen würde. Doch er tat das Gegenteil. Er listete auf, welche Zerstörungen die industrielle Revolution angerichtet hatte. Da war zuerst die Luftverschmutzung. Seit die Europäer in großem Maßstab damit begonnen hatten, Kohle zu verbrennen, versanken ihre Städte in Ruß- und Rauchschwaden. Ein unvorstellbarer, beißender Gestank hing über den Straßen. In der Nähe der Eisen- und Kupferhütten konnten die Menschen kaum atmen, so verpestet war die Luft. Aus ihren Schlöten kam Schwefeldioxid, das die Bäume abtötete und die Tiere vertrieb. Zum Glück, sagte der Professor, waren das ja nun alles Probleme der Vergangenheit, richtig? Falsch. Noch immer sterben jedes Jahr Millionen Menschen an den Folgen der Luftverschmutzung. In chinesischen Metropolen können sie an manchen Tagen kaum die Umrisse der Bürotürme erkennen, so sehr hat der Himmel sich verdunkelt.

Dann sprach er über die Verschmutzung der Gewässer. Was auch immer die Fabriken herstellten, sie leiteten ihre Schadstoffe ungefiltert in die Flüsse ab, das Blut und die Gedärme geschlachteter Tiere, ätzende Chemikalien aus den Gerbereien. Bäche, in denen bis vor Kurzem noch Forellen schwammen, verwandelten sich binnen weniger Jahre in ein zähflüssiges Gebräu. Durch die Verbrennung fossiler Rohstoffe sammelte sich Blei und Quecksilber in der Erde, selbst das Trinkwasser wurde verseucht. Auch das war kein Problem allein früherer Tage. In Indien und Südamerika sind manche Flüsse heute so voller Farbmittel, Chemikalien und Bakterien, dass schon das Baden darin ein Gesundheitsrisiko darstellt.

Seit der Industrialisierung verpesteten die Menschen also die Luft, verseuchten die Gewässer, machten die Tiere und sich selbst krank. Und nun, sagte der Professor, kam zu alledem noch der Klimawandel hinzu, eine schleichende, globale Katastrophe, die viel schlimmer ist als die Zerstörung regionaler Landschaften. Wofür also das Ganze?, fragte er. Was hat die Industrialisierung den Menschen gebracht?

Die Antwort gab er selbst: Wir sind heute in der Lage, Windräder zu bauen. Das war alles. Mehr sagte er nicht.

Er führte nur noch aus, welche Voraussetzungen die Menschheit dafür schaffen musste. Sie musste zunächst lernen, Kohle zu verkoken. Die Kohle aus der Erde wird dazu in einem Ofen luftdicht verschlossen und auf 1000 Grad erhitzt, sie wird gewissermaßen veredelt. Die Menschen brauchten Jahrhunderte, um dieses Verfahren zu beherrschen. Nun konnten sie mit diesem Koks ihre Hochöfen betreiben, statt wie früher mit Holzkohle. Das half ihnen, Eisen und Stahl herzustellen in einer Größenordnung und Qualität, die in früheren Zeiten unvorstellbar war. Im Laufe der Zeit produzierten sie immer schneller und immer widerstandsfähigeren Stahl. Damit bauten sie Maschinen, zuerst Dampfmaschinen, dann Eisenbahnen, später Transportschiffe, womit wir beim Offshore-Windrad sind. Solche Schiffe braucht man, um ein Windrad im Meer zu verankern.

Das war erst der Anfang. Die Menschen mussten außerdem den Verbrennungsmotor erfinden, sie mussten das Automobil und damit den Lastwagen bauen, und sie mussten damit beginnen, Erdöl zu fördern. Anschließend mussten sie mehr als hundert Jahre lang Straßen verlegen. All das ist notwendig, um Rotorblätter und andere Bauteile von Windrädern zügig an jeden Ort zu bringen. Man könnte sie auch mit der Eisenbahn und dem Schiff transportieren, es würde aber viel länger dauern. Ohne Schwerlasttransporter auf den Straßen ist es undenkbar, Windparks in dieser Dimension zu bauen.

All das reicht allerdings immer noch nicht für Windräder im Meer. In einer einzigen solchen Anlage stecken ungefähr 2 Tonnen der seltenen Erde Neodym. Das ist kein Rechenfehler, es sind wirklich 2 Tonnen. Hinzu kommen ungefähr 4,5 Tonnen Kupfer. Wenn man die Kabel noch dazuzählt, sind es laut dem Kupferverband sogar 30 Tonnen, für jedes einzelne Windrad. Damit die Menschen Rohstoffe in einem solchen Ausmaß gewinnen konnten, mussten sie eine jahrhundertelange industrielle Entwicklung durchlaufen. Sie mussten Bohrmaschinen so groß wie Häuser bauen, ausprobieren und verbessern. Sie brauchten hochexplosiven Sprengstoff, um die Gebirgsmassive aufzubrechen, in denen diese Metalle verborgen liegen. Sie mussten Maschinen bauen, in denen die Gesteinsbrocken zermahlen werden. Sie benötigten Schwertransporter, bei denen allein ein einziger Reifen mehr als vier Kleinwagen wiegt, und von diesen Transportern brauchten sie Tausende, samt Ersatzteilen und Mechanikern, falls mal einer liegen blieb. Ohne diese gigantische Schwerindustrie im Hintergrund kein funktionierendes Windrad, ohne funktionierendes Windrad keine Energiewende.

Und das war immer noch nicht alles. Die Menschen mussten erst den Computer erfinden und Satelliten ins All schießen. In vielen Windrädern steckt eine Steuereinheit, die zum Beispiel prüft, wie gut das Getriebelager geschmiert ist und ob der Neigungswinkel der Rotorblätter für die derzeitige Windstärke ideal ist. Leider ist die Internetverbindung auf hoher See eher schwach, daher die Satelliten. Mit ihrer Hilfe können die Menschen auf Windräder in den entlegensten Gegenden zugreifen.

Das war nur ein grober Überblick. Selbst ein Historiker wie Franz-Josef Brüggemeier konnte aus dem Stand nicht alle Erfindungen aufzählen, die nötig gewesen waren, um Windparks im Meer zu bauen. Es sind einfach zu viele. Über Jahrhunderte haben Fabrikanten, Ingenieure und Techniker in ihren Werken und Büros getüftelt. Manche haben nur Kleinigkeiten verbessert, vielleicht eine Schraube ausgetauscht. Andere haben bahnbrechende Veränderungen angestoßen. All das war möglich, weil es Wachstum gab. Die wirtschaftliche Dynamik schuf für jeden die Gelegenheit, Geld zu verdienen. Wer den leistungsfähigsten Hochofen in der Gegend betrieb, bekam mehr Aufträge. Bald dachte jeder Gießer darüber nach, wie er seine Eisenhütte verbessern konnte.

Nun sagen Kritiker: Gut, das wirtschaftliche Wachstum seit der Industrialisierung hat uns an den Punkt gebracht, Windräder auf hoher See zu bauen. Dann brauchen wir dieses Wachstum ja jetzt nicht mehr. Wir können alles herstellen, was wir für den Klimaschutz brauchen, Windräder an Land und im Meer, Solardächer, Strommasten, Elektroautos und Wärmepumpen. Die Technik für den Klimaschutz ist da, die Umsetzung ist das Problem. Sie scheiterte, weil das Gewinnstreben immer an erster Stelle stand und die Grenzen des Planeten an letzter. Warum also nicht umdrehen? Warum nicht die Grenzen des Planeten an erste Stelle stellen und die Profitmaximierung an die zweite oder dritte? Dann könnte alles schneller gehen. Mehr Menschen helfen bei der Transformation mit, statt zum Beispiel Reisen anzubieten, die das Klima erwärmen. Mit dem Verzicht auf unnötiges Wachstum entfesselt die Menschheit die ihr innewohnenden Kräfte.

Die Anhänger dieser Schrumpfung haben allerdings etwas übersehen. Kein anderes Wirtschaftssystem hat bisher mehr

Kräfte entfesselt als der Kapitalismus. Nur wer Geld verdienen kann, geht ins Risiko. Ohne diese Motivation kann Deutschland seine Klimaschutzziele in Zukunft erst recht vergessen. Im Juli 2023 versteigerte die Bundesregierung Flächen in der Ostsee für den Bau von Windparks. Der britische Konzern BP und der französische Konzern Total bekamen den Zuschlag für 12,6 Milliarden Euro. So eine gewaltige Summe gibt ein Konzernchef nur aus, wenn er davon ausgeht, dass sie sich am Ende rechnet. Es ist eine Investition in die Zukunft, in dem Fall eine, die dem Klima dient. Das Groteske, aber auch Geniale am Kapitalismus ist, dass der Manager nicht einmal ein Weltverbesserer sein muss, um etwas Gutes für die Umwelt zu tun. Der Klimawandel kann ihm völlig egal sein. Vielleicht spekuliert er insgeheim nur darauf, dass die Strompreise in Deutschland wegen falscher Entscheidungen in der Energiepolitik hoch bleiben, und bietet deshalb mit. Vielleicht geht es ihm nur um die Dividende, die er seinen Aktionären am Ende des Jahres ausschütten kann. Trotzdem wird im Ergebnis ein Windpark gebaut, der gigantische Mengen an klimafreundlichem Strom liefert.

Die Milliarden von Euros, um die es hier geht, hat kaum ein Unternehmen auf dem Konto liegen. Es muss also Investoren dazuholen, Aktionäre, Banken, Privatleute oder Kapitalbeteiligungsgesellschaften. All diese Personen eint, dass sie ihr Geld vermehren wollen, deshalb suchen sie nach einer Anlagemöglichkeit. Welche Ziele sie im Einzelnen verfolgen, ist egal. Die Anleger können sogar noch egoistischer sein als der Manager, der den Windpark bauen möchte. Es könnten Bankiers sein, die virtuelles Geld von einem Konto auf ein anderes schieben, nur um am Jahresende mit ihrem Bonus in die Dominikanische Republik zu fliegen und Cocktails am Strand zu trinken. Das spielt alles keine Rolle. Es geht einzig und allein darum, dass sie Kapital bereitstellen, um Windräder in vorher noch nie da gewesenen Dimensionen zu bauen.

Diese Dynamik ist auf der ganzen Welt nötig. Überall müssen die Menschen Windparks, Solarfarmen, Wasserstoffkreisläufe und Stromnetze errichten. Sie müssen binnen weniger Jahre eine Infrastruktur hochziehen, gegen die das Eisenbahnnetz aus früheren Zeiten ein Witz war. Dafür müssen Investoren Kapital bereitstellen, und das tun sie nur in einer wachsenden Wirtschaft. Es ist kein Zufall, dass der Aufstieg der Großbanken erst mit der Industrialisierung begann. Mit einem Mal konnten Bankiers Kredite an viel mehr Menschen vergeben. Sie konnten jetzt darauf wetten, dass jemand mit einer guten Idee auch Gewinne machen würde, also in der Lage sein würde, Kredite zurückzuzahlen. Die Banken taten damals etwas Ähnliches wie die Schaufelverkäufer im Goldrausch in Amerika. Sie boten etwas an, das jeder brauchte, um seinen Traum vom Wohlstand zu verwirklichen. Ihr Risiko war überschaubar, denn die Wirtschaft wuchs ja. Sie war das Fundament, auf dem immer neue Geschäftsmodelle entstanden. Wenn dieses Fundament Risse bekommt, bricht der Finanzsektor zusammen und damit das Kreditwesen. Niemand würde noch Geld an jemanden verleihen, warum auch? In einer implodierenden Wirtschaft wäre das eine viel zu riskante Wette.

Das scheinen Kritiker des Kapitalismus oft zu übersehen, wenn sie auf Finanzinvestoren schimpfen. Man kann sie natürlich kritisieren, und es gibt mit Sicherheit welche, die fragwürdige Geschäfte machen. Wer das verhindern will, sollte allerdings die Rahmenbedingungen verändern, nicht das Finanzwesen an sich verteufeln. Die Wahrheit ist, dass die Menschheit den Klimawandel wohl kaum aufhalten kann ohne Wagniskapital. Dazu gehört auch das Geld von Personen, die sich um das Klima wenig scheren, das ist die Ironie. Stimmen die Voraussetzungen, dann kann selbst dieses Geld für den Klimaschutz arbeiten.

Man könnte jetzt fragen, warum Unternehmen egoistische Investoren für den Klimaschutz gewinnen sollten, wenn all das auch der Staat übernehmen kann. Er müsste nur die Mineralölkonzerne besteuern, die jahrelang gut verdient haben mit dem Verkauf fossiler Rohstoffe, und dann selbst solche Windparks bauen. Über die Motivation dahinter braucht sich dann keiner mehr Gedanken zu machen, sie wäre völlig klar. Der Staat hat kein Interesse daran, Profite zu erzielen. Er muss nur die Kosten für seine Projekte wieder reinholen. Er könnte den Strom zu einem fairen Preis verkaufen, mit staatlichem Gütesiegel gewissermaßen.

Nur, woher sollen in einer statischen Wirtschaft die Mittel dafür kommen? Bund, Länder und Gemeinden nehmen jedes Jahr Steuern von fast 900 Milliarden Euro ein, und trotzdem ist das Geld jetzt schon knapp. In der Ampelkoalition stritten sie sich zuletzt um jeden Haushaltsposten, die Kindergrundsicherung und den Wehretat. In einer schrumpfenden Wirtschaft wären das Luxusprobleme. Im ganzen Land müssten dann Theater und Konzerthäuser schließen, das Arbeitslosengeld und Rentensystem wären Geschichte, die Maximalversorgung in den Krankenhäusern ebenfalls. Den Deutschen stünde ein Verteilungskampf bevor, gegen den die Hartz-IV-Reformen seinerzeit noch eine samtweiche Angelegenheit waren. Man stelle sich nur für einen Moment die Überschriften der Leitartikel vor bei einem solchen Wohlstandsverlust. Abend für Abend müssten sich Politiker in den Talkshows rechtfertigen – wenn denn noch Geld übrig wäre für Talkshows im öffentlich-rechtlichen Rundfunk. So viel ist sicher: Für irgendwelche Windparks in der Ostsee oder den Bau von Stromtrassen würde sich keiner mehr interessieren. Und bauen könnte sie erst recht niemand.

An dieser Stelle haben Wachstumskritiker allerdings einen Punkt. Wenn alles so einfach ist, argumentieren sie, wenn eine wachsende Wirtschaft die Lösung aller Probleme ist, wieso heizen wir das Klima dann weiter auf, und das seit Jahrzehnten? Hier stimmt doch etwas nicht. Entweder die Politiker sind blind dafür, dass der Kapitalismus nur existieren kann, indem er die Natur zerstört, oder sie belügen uns. Aber wie man es auch dreht und wendet, unser Wirtschaftssystem hat ausgedient. Es ist unfähig, die Probleme zu lösen, die es selbst geschaffen hat. Wir brauchen etwas Neues.

Es ist wahr, seit der Industrialisierung haben die Menschen die Kosten ihres wachsenden Wohlstands immer der Natur aufgebürdet. Das war ökonomisch sinnvoll, und es war lange auch nicht existenzbedrohend. Ein Ledermacher, der seinen Dreck in den Fluss einleitete, konnte seine Waren billiger verkaufen als einer, der sie umweltschonend entsorgte. Solange es noch genügend saubere Flüsse in der Gegend gab, war es den meisten egal, dass ein paar davon zu stehenden Gewässern aus Schmiere und Farbe verkamen, selbst wenn diejenigen darunter litten, die an diesen Flüssen lebten. Ähnlich war es beim Klimawandel. Solange der nur Wissenschaftler interessierte, war es Bürgern gleich, dass ihre Autos mit Benzin oder Diesel fuhren. Die Energie, die in diesen Rohstoffen steckt, ist enorm, der Planet hat sie in Jahrmillionen von Jahren dort verdichtet. Die Menschen müssen sie nur aus der Erde rausholen, schon wird der Traum vom Reisen für alle wahr.

Für diese Politik gab es lange Zeit Mehrheiten. Die Bürger fanden Klimaschutz natürlich gut, theoretisch jedenfalls. In den Urlaub flogen sie trotzdem gerne, noch dazu immer häufiger. Die Parteien haben diese Stimmung aufgegriffen. Sie haben sich vielleicht rhetorisch zum Klimawandel bekannt, ihn aber entschärft, wo es möglich war. Damit waren die Deutschen offenbar zufrieden, sonst hätten sie anders gewählt. Ich sprach einmal mit einem ehemaligen Minister aus Merkels Kabinett darüber. Er sagte, dass Klimaschutz unter Angela Merkel eher eine symbolische Funktion hatte. Er meinte das gar nicht böse. Es sollte keine Abrechnung mit der langjährigen Bundeskanzlerin sein. So waren damals einfach die Prioritäten. Sobald harte Einschnitte drohten, gingen andere Dinge vor, die Wirtschaft, die Preise. Wenn Klimaschutz weichgespült wird, mangelt es also vor allem am politischen Willen. Mit einer Schwäche unseres Wirtschaftssystems hat das nichts zu tun. Sollte die Mehrheit der Bürger ernst machen wollen mit Klimaschutz, ist der Kapitalismus das geringste Problem. Er kann sich mühelos anpassen.

Das hat er schon einmal getan. Vor vielen Jahren hat die Politik Leitplanken aufgestellt, um den Kapitalismus in die gewünschte Richtung zu lenken. Das funktionierte, ohne seine Innovationskraft und Dynamik zu gefährden. Es war in der sozialen Frage. Heute leben zum Glück kaum noch Menschen so wie zu Zeiten des Manchester-Kapitalismus, weder in Europa noch in den USA. Es gibt dort keine Kinderarbeit mehr. Niemand muss mehr 12 bis 14 Stunden am Tag vor einem Baumwollspinner hocken oder durch einen Bergwerksschacht kriechen, nur um am Ende des Tages gerade so satt zu werden. Keiner muss fürchten, seine Arbeit zu verlieren, wenn er sich seinen Arm in der Fabrik zerquetscht. Gegen solche Unfälle sind Arbeiter heutzutage abgesichert, selbst wenn sie für den Rest ihres Lebens ausfallen sollten. Die Beiträge für diese Versicherung zahlt in Deutschland allein der Arbeitgeber. Das Land war besonders erfolgreich darin, die Kräfte des Kapitalismus zu bändigen. Für ihre Sozialversicherung werden die Deutschen in der Welt noch immer bewundert, egal wie reformbedürftig sie im Einzelnen sein mag. Deutschland hat es geschafft, Angestellten ein würdiges Leben zu ermöglichen, ohne die Risikobereitschaft von Unternehmern abzuwürgen. Sicher, die Politik muss immer wieder nachjustieren. Wenn Steuern, Abgaben und bürokratische Auflagen im internationalen Vergleich überhandnehmen, muss der Staat seinen Griff lockern. Sonst riskiert er, dass Firmen und Talente abwandern. Andersherum gilt das natürlich auch. Wenn die Lebensverhältnisse zu sehr auseinanderklaffen, schafft auch eine dynamische Wirtschaft keinen Frieden. Diese Justierungen ändern aber nichts am Erfolg der sozialen Marktwirtschaft.

Wer in dieses System hineingeboren wurde, könnte denken, dass das alles selbstverständlich ist. In Wahrheit war es eine der unwahrscheinlichsten Geschichten des vergangenen Jahrhunderts. Karl Marx sagte voraus, dass sich die Massen irgendwann erheben würden, um sich aus der Knechtschaft zu befreien und das ausbeuterische Wirtschaftssystem abzuschaffen. Es kam bekanntlich anders, die Revolution fiel aus. Selbst in Russland und China konnte davon keine Rede sein. Die Kommunisten kamen durch schnöde militärische Eroberungen an die Macht. Aber wer weiß, was ohne Arbeitnehmerrechte passiert wäre. Hätte der Kapitalismus weiter Millionen Arbeiter so ausgebeutet wie in seinen frühen Jahren, dann hätte Marx mit seiner Prognose recht behalten können. Reichskanzler Otto von Bismarck schuf seine Sozialgesetze ja keineswegs, weil er ein Herz für Arbeiter hatte, sondern weil er sie an den Staat binden und die Macht der aufstrebenden Sozialdemokratie brechen wollte. Er wusste, dass er etwas tun musste, um die revolutionäre Dynamik abzubremsen.

Allein dieses Beispiel zeigt, wie anpassungsfähig der Kapitalismus ist. Das kategorische Argument, dass er nur als alles verschlingender Leviathan existieren kann, ist damit widerlegt. Er kann sogar sozial sein, also genau das Gegenteil dessen, was er seinem Wesen nach ist. Ein ungezügelter Kapitalismus zementiert Unterschiede, er belohnt die Starken und Fleißigen und sortiert die Schwachen aus. Und doch war es möglich, ihn zu einem sozialverträglichen System umzubauen, ohne ihn gleich abzuschaffen. Warum sollte das nicht auch mit der Umwelt gelingen? Dafür muss man ihm nur die richtigen Leitplanken setzen.

Viele Politiker in Deutschland und Europa sind überzeugt, dass das am besten mit Verboten geht. Zum Beispiel wollte die EU den Verbrenner noch Anfang des Jahres 2024 de facto verbieten. Ab 2035 sollen Automobilkonzerne keine Autos mehr verkaufen dürfen, aus deren Auspuff noch Kohlendioxid kommt, Ende der Diskussion. Damit dürfen auch keine Verbrenner mehr verkauft werden, die mit klimaneutralen Kraftstoffen fahren können. Die funktionieren so: Man spaltet mit Strom Wasser auf und gibt Kohlendioxid dazu, das man zum Beispiel aus der Luft entnimmt. Das ergibt einen Treibstoff, mit dem man selbst einen Golf der ersten Generation klimaneutral fahren kann. Aus dem Auspuff kommt zwar CO_2 raus, aber das hat man ja vorher aus der Luft geholt. Es ist also kein Problem. Außer für die EU. Daran änderte auch ein Streit mit der deutschen Regierung nichts. Die EU wollte zwar prüfen, ob es Ausnahmen geben kann für klimaneutrale Kraftstoffe, mehr aber nicht. Es bleibt also vorerst alles so, wie es ist. Dann bieten VW und Mercedes und BMW eben ab 2035 Elektroautos an, und wenn sie sich weigern, werden es eben Tesla oder chinesische Hersteller tun.

Das wichtigste Argument für dieses Verbot ist, dass es viel zu aufwendig ist, weiter mit Verbrennern zu fahren, selbst wenn es irgendwann mit klimaneutralen Kraftstoffen möglich sein sollte. Der Wirkungsgrad ist dafür aus Sicht der Kritiker zu schlecht.

Um solche Kraftstoffe herzustellen, braucht die Menschheit Unmengen an überschüssigem grünem Strom. Der ADAC rechnete zum Beispiel einmal vor, dass man mit dem Strom eines mittelgroßen Windrades 1600 Elektroautos laden könnte, aber nur klimaneutralen Kraftstoff herstellen könnte für 250 Autos. Wenn das stimmt, müsste die Menschheit also mehr als sechsmal so viele Windräder bauen, damit auf der Welt alle so weiterfahren können wie bisher, statt auf das Elektroauto umzusteigen.

Viele in der EU sind deshalb der Ansicht: Dafür reicht die Energie nicht. Die brauchen wir woanders dringender, zum Beispiel, um klimaneutrale Kraftstoffe für Flugzeuge, Schwertransporter oder Schiffe herzustellen, die können nämlich nur damit angetrieben werden. Noch dazu wird sich kein Mensch diesen Treibstoff leisten können. Ein Liter davon kostet laut dem Fraunhofer-Institut für System- und Innovationsforschung mindestens zwei Euro, vermutlich deutlich mehr. Deshalb das Verbot des Verbrennermotors. Seine Zeit ist abgelaufen. Es geht hier um Naturgesetze. Die kann keiner aushebeln, nicht einmal FDP-Politiker, die weiter ihren Porsche 911 fahren wollen.

Allerdings stimmt das so nicht. Denn die Rechnung des ADAC gilt nur für ein Windrad in Deutschland. Steht es in

Patagonien, sieht die Sache schon anders aus. Mit einem solchen Windrad kann man klimaneutralen Kraftstoff für viel mehr Autos herstellen. Denn da weht der Wind häufiger und kräftiger. Am Ende ist der Wirkungsgrad sogar fast der gleiche wie für Elektroautos, die mit einem deutschen Windrad aufgeladen werden. Das Karlsruher Institut für Technologie hat das einmal vorgerechnet. Von wegen, es lohnt sich nicht.

Wer so redet, hat den Kapitalismus grundsätzlich missverstanden. Bisher hat er noch jede Nachfrage nach Gütern und Waren befriedigt, insbesondere dann, wenn sie knapp wurden. Damit keine Missverständnisse aufkommen: Man muss die Gesetze der Physik nicht in Abrede stellen, man muss auch keinesfalls auf eine bahnbrechende Erfindung spekulieren, die die Menschheit wie ein Deus ex Machina von allen physikalischen Zwängen erlöst. Trotzdem gibt es einen Weg, bei dem klimaneutrale Kraftstoffe und der Verbrennungsmotor noch eine Rolle spielen könnten, und er wäre für alle weniger beschwerlich, als ihn zu verbieten.

Er beginnt mit der Erkenntnis, dass ein Verbot dieses Motors falsch ist, weil es an der falschen Stelle ansetzt. Nicht ein Antrieb, in dem Kraftstoffe verbrannt werden, ist der Übeltäter. Kraftstoffe, die aus Rohöl gewonnen werden, sind es. Sie heizen das Klima auf. Wenn überhaupt, müsste die Politik also diese Kraftstoffe verbieten. Da allerdings ein sofortiges Verbot von Treibhausgasemissionen die Weltwirtschaft ins Chaos stürzen würde, muss es einen Übergang geben. Das ist der Emissionshandel. Er funktioniert so: Ein Staat legt fest, wie viel Treibhausgase er in den kommenden Jahren ausstoßen will. Für die Tonnen Kohlendioxid, die ausgestoßen werden dürfen, vergibt er Zertifikate, eine Art Gutschein. Die kann man am Markt handeln. Jedes Jahr werden es weniger Gutscheine, die Emissionen sollen ja sinken. Sie werden also immer begehrter. Wer eine Tonne Kohlendioxid ausstoßen will, muss entsprechend mehr dafür bezahlen. Das erhöht den Druck, damit aufzuhören. Das Geniale an der Idee ist, dass sie den

Markt effizient steuert. Mit dem Emissionshandel vermeiden die Leute Treibhausgase zuerst da, wo es am einfachsten ist, und zum Schluss da, wo es besonders schwer ist. Sie tun das ganz von allein, um Geld zu sparen, und sie halten sich dabei noch für schlau. Der Emissionshandel entlastet also die kollektive Psyche, ganz im Gegensatz zu Verboten, die alle aufregen.

Wenn der Emissionshandel scharf gestellt wird, wenn er also sektorübergreifend und damit auch für den Verkehr gilt, dann könnte der Verbrennungsmotor noch seinen Auftritt haben. Dann könnte ihm sogar ausgerechnet etwas zum Durchbruch verhelfen, das als Inbegriff klimaschädlicher Verschwendung gilt: der Wunsch, weiter Sportwagen zu fahren. Spielen wir das einmal durch, nach den Regeln des Kapitalismus. Nehmen wir an, Leute wie Christian Lindner wollen weiter ihre Oldtimer fahren, obwohl Benzin und Diesel durch den Emissionshandel irgendwann unbezahlbar werden. Nehmen wir an, sie wären bereit, drei, vier, vielleicht sogar fünf Euro für einen Liter künstlich hergestellten Kraftstoff zu bezahlen, einfach nur, weil sie den Sound eines luftgekühlten Boxermotors am Wochenende dem Summen eines Teslas vorziehen. Nun kommt ein Investor auf die Idee, aus diesem Wunsch ein Geschäft zu machen. Er baut mit seinem Geld Solarkollektoren in der Sahara und eine Meerwasserentsalzungsanlage. Den Kraftstoff verkauft er für fünf Euro den Liter nach Europa. Ein gutes Geschäft. Der Investor verdient prächtig. Andere sehen das und wollen mitverdienen. Immer mehr Solarfarmen für klimaschonende Kraftstoffe entstehen an der nordafrikanischen Mittelmeerküste. Der Wettbewerb wird härter, das drückt die Preise. Irgendwann kostet der Liter nur noch drei Euro statt fünf. Jetzt kommen Familien mit Kleinkindern ins Grübeln. Sollen wir wirklich den Familienvan verkaufen, fragen sie sich, und durch ein Elektroauto ersetzen? Damit müssen sie bei jeder Urlaubsfahrt längere Pausen einlegen, fürs Laden. Mit Kleinkindern ist das eher ungünstig. Viele entscheiden sich, lieber drei Euro für den Liter künstlich hergestellten Diesel zu bezahlen, das sind ihnen Reisen ohne Kindergeschrei wert. Die Nachfrage nach klimaschonenden Kraftstoffen steigt weiter. Mehr und mehr Solarfarmen entstehen, und irgendwann spielt der Wirkungsgrad dieser Kraftstoffe überhaupt keine Rolle mehr. Solarenergie gibt es in der Sahara genug. Die Sonne schickt 5000-mal so viel davon zur Erde, wie nötig wäre, damit die ganze Welt den Lebensstandard Europas genießen könnte. Wenn genug davon in klimaschonende Kraftstoffe umgewandelt wird, dann sinken irgendwann die Preise.

Das hätte für alle nur Vorteile. Die Europäer könnten weiter ihre Tankstellen benutzen, statt überall Ladesäulen für Elektroautos hinzustellen. Die Kraftstoffe könnten weiter mit Tankern übers Meer gebracht werden, statt die Flotte stillzulegen. Und das Wichtigste: Abermillionen von Fahrzeugen könnten weiterfahren, statt auf dem größten Müllberg in der Geschichte der Menschheit zu landen. Wenn es so kommt, warum sollte man den Verkauf neuer Verbrennerautos dann verbieten? Elektroautos und Verbrenner könnten nebeneinander existieren, jedes in seiner Marktnische. Und ausgerechnet das Geld von Sportwagenbesitzern hätte diesem Antrieb neues Leben eingehaucht.

Es weiß natürlich keiner, ob es so kommt. Es könnte auch sein, dass die Entwicklung von Elektroautos in den nächsten Jahren so rasant voranschreitet, dass niemand mehr Verbrenner fahren will. Es könnte sein, dass viel mehr Menschen freiwillig Bahn und Bus fahren. Keiner kann die Zukunft vorhersagen. Warum tun die Anhänger eines Verbrennerverbots dann so, als könnten sie es? Sie begründen ihr Verbot ja damit, dass es sich niemals rechnen wird, klimaneutrale Kraftstoffe für Autos herzustellen. Im Kapitalismus gibt es allerdings mehr zu bedenken als technische Effizienz.

Wenn es nur darum ginge, schrieb der Ökonom Jan Schnellenbach einmal auf Twitter, dann würden alle Menschen auf der Welt eine Pille nehmen, in der Nährstoffe und Vitamine für den Tag enthalten sind. Die Leute essen aber auch Steaks. Was deren Effizienz angeht, kann man sicher sagen: Sie ist geringer als die einer Nahrungspille. Was den Genuss angeht, ist es umgekehrt. Deshalb sind Steaks ökonomisch effizient, der Markt dafür funktioniert. Das heißt nicht, dass alle nur noch Rumpsteaks essen sollen, und schon gar nicht, dass es kein Problem mit der Treibhausbilanz von Fleisch gibt. Es ist nur ein Beispiel, um zu zeigen, dass sich manchmal Sachen wirtschaftlich rechnen, die technisch wenig sinnvoll sein können. Es kommt eben darauf an, was die Leute haben wollen, und das ist schwer vorherzusagen.

Ralf Fücks bezeichnete den Kapitalismus einmal als »Suchprozess«. Er setzt einen Wettbewerb in Gang, an dem Millionen Menschen beteiligt sind: Wer hat die beste Lösung? Dieser Suchprozess funktioniert so gut, weil es völlig unerheblich ist, welche Ziele der Einzelne mit seinen Geschäften verfolgt, solange der Rahmen stimmt. Dafür muss man allerdings akzeptieren, dass der Ausgang dieser Suche offen ist, das haben Suchen so an sich. Der Emissionshandel tut das. Er setzt Leitplanken, die Jahr für Jahr enger werden, aber er lässt Spielraum. Wie die Leute dann damit umgehen, ist ihre Sache. Sie können es mit Verbrenner schaffen oder ohne, der Ausstoß von Treibhausgas sinkt so oder so. Viele Leute verstehen das beim Emissionshandel falsch. Sie denken, wer dafür ist, der hofft auf zukünftige Erfindungen, um weiterzumachen wie bisher. Das wäre natürlich riskant. Wenn alles bleibt, wie es ist, und die Kernfusionsreaktoren dann in zehn Jahren doch nicht zünden, gibt es ein Problem. Wer für den Emissionshandel ist, der sagt aber nur: Wir machen Treibhausgase teuer und reduzieren ihren Ausstoß. Wie die Annehmlichkeiten, die solche Treibhausgase produzieren, ersetzt werden, werden wir sehen. Vielleicht hat einer eine zündende Idee, vielleicht nicht. Die Richtung ist trotzdem klar. Das ist mit Leitplanken gemeint. Verbote sind dagegen wie Straßensperren. Sie lassen keinen Raum mehr. Sie bremsen das aus, was den Kapitalismus vor allen anderen Wirtschaftssystemen auszeichnet: Die Suche nach klugen Lösungen.

Sicher, es hat Verbote gegeben im Kapitalismus. Das bekannteste Beispiel ist das von Fluorchlorkohlenwasserstoffen, die in den Kühlschränken der Achtzigerjahre steckten und die Ozonschicht zerstören. Es lohnt sich, dieses Verbot einmal genauer anzuschauen. Es unterscheidet sich nämlich deutlich von dem des Verbrenners. Die Weltgemeinschaft hat Ende der Achtzigerjahre ja nicht gesagt, Kühlschränke laufen mit FCKW, wir verbieten also Kühlschränke. Sie verbot die Chemikalien, die für das Ozonloch verantwortlich waren. Das Verbot trat außerdem gestaffelt in Kraft. Die Unternehmen hatten ein paar Jahre Zeit, sich darauf einzustellen und nach Alternativen zu suchen. Was im Montreal-Protokoll von 1987 vereinbart wurde, ähnelt also sehr der Idee eines wirksamen Emissionshandels. Die Politik hat zuerst Leitplanken festgelegt, erst danach war irgendwann Schluss. In Deutschland durften Kühlschränke ab dem Jahr 1995 kein FCKW mehr enthalten. Das Verbot hatte da allerdings schon lange keine zerstörerische Wirkung mehr. Es war keine Straßensperre mitten auf der Autobahn, die Chaos verursachte. Es war eher wie eine Schranke am Ende eines Waldweges. Wer die nach all den Jahren missachtete, der tat das bewusst.

So könnte es auch beim Emissionshandel laufen. Irgendwann in ferner Zukunft, wenn die Menschheit es geschafft hat, sich von der Verbrennung fossiler Rohstoffe zu lösen, kann man sie auch verbieten. Wer trotz aller Alternativen dann noch immer Autos mit Diesel betankt, der arbeitet entweder im Museum oder ist kriminell. Ein Verbot ist also sinnvoll als Schlussakt. Es besiegelt eine Verhaltensänderung, es sollte aber nicht an ihrem Anfang stehen.

Was aber ist, wenn all das nicht reicht und wenn es in Zukunft sogar schlimmer wird? Noch immer verbraucht die Menschheit in jedem Jahr mehr Ressourcen als auf natürliche Weise nachwachsen, allen Bemühungen zum Trotz. 2023 erreichte sie den Weltüberlastungstag Anfang August. Seitdem lebt sie über ihre Verhältnisse. Selbstverständlich ist es schwierig, so etwas genau auszurechnen. Der Weltüberlastungstag ist vor allem griffige PR, er soll aufrütteln. Aber macht es wirklich einen Unterschied, ob die Menschheit im August, September oder Oktober den Punkt erreicht, an dem sie nicht mehr nachhaltig lebt? Entscheidend ist, dass sie es Jahr für Jahr tut. Man muss es so hart sagen: Seit fast 50 Jahren lebt die Menschheit auf Kosten kommender Generationen, und schuld daran sind vor allem reiche Länder. Würden auf Dauer alle so leben wie in Deutschland, bräuchten wir drei Planeten. Beim Lebensstil der Amerikaner wären es fünf, bei dem der Kataris sogar fast neun. Dass die Menschen im Moment nur so viel Rohstoffe verbrauchen, als gäbe es 1,7 Erden, ist den ärmeren Ländern zu verdanken, die zur Sparsamkeit gezwungen sind. Würden alle so leben wie in Indien, gäbe es kein Problem.

Wer sich das vor Augen führt, ohne gleich nach Ausreden zu suchen, dem drängt sich der Gedanke auf, dass der Kapitalismus eben doch ein Problem hat. Er schafft Reichtum, ja, aber sorgt auch dafür, dass die Menschen ihren Planeten ausbluten lassen. Und sollte Afrika, sollte Asien irgendwann aufschließen zum Wohlstand, den der Westen genießt, dann sind wir verloren. Dann sind wir im Durchschnitt bei fünf Erden, wenn das mal reicht. Dann kommen irgendwann doch die Kriege um Rohstoffe, und den Klimaschutz können wir sowieso vergessen.

Gegen diese Argumente kann man leider wenig sagen. Sie stimmen. Trotzdem hat sich in den vergangenen Jahren etwas verändert, das Anlass zur Hoffnung gibt. Wohlhabende Länder haben es geschafft, weniger Ressourcen zu verbrauchen, obwohl ihre Wirtschaft wuchs. Die Rede ist hier nicht davon, dass sie mit der Zeit vielleicht etwas weniger Stahl brauchten, um einen Mercedes herzustellen, dann aber so viele Mercedesse bauten, dass der Stahlverbrauch insgesamt weiter stieg. Nein, reiche Länder haben es geschafft, den Rohstoffverbrauch in vielen Bereichen absolut zu senken. Der amerikanische Wissenschaftler Andrew McAfee hat das einmal für das Magazin

Wired aufgeschrieben. In Amerika, so rechnete er vor, stieg die Ernte in der Landwirtschaft von 1980 bis 2015 um mehr als die Hälfte. Trotzdem verbrauchten Landwirte in der gleichen Zeit 18 Prozent weniger Wasser, und sie nutzen sieben Prozent weniger Land. Hinter dieser Zahl steckt eine Fläche so groß wie der Bundesstaat Indiana. So viel Land gaben die Amerikaner der Natur zurück, und doch verdoppelten sie ihre Ernte. In der gleichen Zeit verbrauchten sie auch viel weniger Düngemittel wie Phosphor, Nitrat und Kalium.

Bei den Emissionen ist es ähnlich. Länder wie Deutschland, die USA und die Niederlande, aber auch El Salvador, Litauen und Weißrussland, haben es in den vergangenen 20 Jahren trotz Wachstums geschafft, weniger Kohlendioxid auszustoßen. Sie haben nicht nur weniger CO_2 für jeden Euro ausgestoßen, den sie verdient haben, sie haben ihre Emissionen insgesamt gesenkt.

Umweltaktivisten halten das allerdings für einen Taschenspielertrick. In Wahrheit, so argumentieren sie, überlassen Länder wie Deutschland die Drecksarbeit anderen, zum Beispiel den Chinesen. Die arbeiten dann in den Stahlwerken und Fabriken, die stellen die Produkte her, die besonders klimaschädlich sind. Auf dem Papier sieht es so aus, als würde Deutschland weniger Treibhausgase ausstoßen, in der Realität hat es seine Emissionen aber nur woandershin verlagert. Die Umweltzerstörung geht weiter, nur eben nicht in Deutschland. Für die Klimabilanz ist das bekanntlich egal, da geht es nur darum, wie viel CO_2 insgesamt in die Atmosphäre der Erde gelangt. Was als Modernisierungsschub verkauft wird, ist also in Wirklichkeit eine Lüge.

Nur ist das falsch. Es ist keine Lüge. Länder wie Deutschland und die USA haben tatsächlich in Summe weniger Treibhausgase ausgestoßen, sogar dann, wenn man in ihre Bilanz alle importierten Produkte miteinrechnet. Der amerikanische Klimaforscher Zeke Hausfather hat das 2021 in einem Aufsatz gezeigt. Damit hat er bewiesen, dass es eine Trendumkehr auch bei den Treibhausgasen gibt. Die fällt sogar noch deutlicher aus, als man denken könnte. Man kann das zum Beispiel in Deutschland sehen. In der ersten Dekade des neuen Jahrtausends ist nicht allein die deutsche Wirtschaft gewachsen, sondern die Industrie, und die hat viele ihrer Waren ins Ausland verkauft. Es kann also keine Rede davon sein, dass Deutschland energieintensive Produktion und damit Emissionen in andere Länder ausgelagert hat. Es ist genau andersherum: Das Ausland hat Emissionen nach Deutschland verlagert. Und trotzdem hat das Land in absoluten Zahlen weniger Kohlendioxid ausgestoßen.

All das geschah ohne massive Eingriffe der Politik. In den USA zum Beispiel spielte das Fracking eine Rolle. Gas aus der amerikanischen Erde ersetzte im Land die Kohle, schon dadurch sanken die Emissionen. Überall verbesserten Firmen ihre Industrieprozesse, weil sie Geld sparen wollten. Der technische Fortschritt hat also dafür gesorgt, dass wohlhabende Länder weniger Kohlendioxid ausstoßen, ganz von allein. Selbstverständlich reicht das nicht. Die Weltgemeinschaft muss noch schneller als bisher wegkommen von Kohle, Öl und Gas. Eben dafür gibt es den Emissionshandel. Er macht fossile Rohstoffe immer teurer und beschleunigt so den Entzug.

Aber es geht hier um einen grundsätzlichen Punkt. Es gibt kein Naturgesetz, das besagt, dass wirtschaftliches Wachstum immer mehr Treibhausgase verursacht. Das ist durch die Fakten widerlegt. Wer trotzdem noch so tut, der täuscht bewusst. Für den ist Klimaschutz nur ein willkommener Anlass, um eine Systemdebatte anzuzetteln.

Dabei ist diese Diskussion nicht nur reichlich akademisch, sie ist auch dumm. In Wahrheit können die Menschen froh sein, dass sie in Zeiten wirtschaftlichen Wachstums leben. Nur so bekommen sie wirksamen Naturschutz, nur so ist genug Geld im Umlauf, um die Transformation der Weltwirtschaft zu stemmen. In Wahrheit gibt es kein anderes System, das so rasant den Fortschritt vorantreibt wie der Kapitalismus. Man muss ihm nur den richtigen Rahmen setzen. Und man muss ihm Spielraum lassen, um sich innerhalb dieses Rahmens zu entfalten. Dann wird es irgendwann auch möglich sein, den Rohstoffverbrauch auf ein erträgliches Maß zu senken.

Die Menschen brauchen deshalb eine andere Erzählung. Sie sollten sich nicht selbst geißeln, sie sollten das Vertrauen zurückgewinnen in ihre Fähigkeiten. Sie sollten die Moderne willkommen heißen.

Fünftes Kapitel

EINE MASCHINE, DIE DEN EINSTLER VERTREIBT

Warum wir einen neuen Naturschutz brauchen

Ich lese meinem Sohn viele Kinderbücher vor, aber keines hat ihn so aufgewühlt wie *Der Lorax* von Dr. Seuss. Es handelt von einer düsteren, versehrten Welt, die vor Jahren einmal ein Paradies gewesen war. Baumkronen glänzten wie bunte Perücken in der Sonne, Fische summten im See, die »Braunfelliwullis« tanzten auf den Wiesen. Dann aber kommt ein Mann mit Planwagen in diese Welt, der sich »Einstler« nennt und der blind ist für ihre Schönheit. Er ist nur an den bunten Baumkronen interessiert, den »Tuffs«. Aus ihnen strickt er »Schnäuche«, Wollstücke, die man für alles Mögliche gebrauchen kann, jedenfalls wenn es nach dem Einstler geht. Er hängt sich ans Telefon, beordert seine Verwandten in das Idyll, baut eine Fabrik und holzt die Bäume ab. Immer mehr Schnäuche laufen vom Band, immer größer werden die Maschinen, immer kahler wird die Landschaft, immer dreckiger die Luft.

Zuerst wandern die Braunfelliwullis aus. Sie haben nichts mehr zu essen. Dann müssen die Summerfische auf ihren Flossen den Teich verlassen, der zu einer Dreckpfütze geworden ist. Zum Schluss fliegen die Schwippschwäne aus, weil sie kaum noch atmen können. Dabei wird der Einstler jedes Mal gewarnt. Ein grummeliges Fantasiewesen namens Lorax fordert ihn immer wieder auf, innezuhalten. Der Lorax ist die Stimme der Natur, die eigentlich keine hat. Doch der Einstler ignoriert sie. Er macht einfach weiter, mit gnadenloser kapitalistischer Effizienz, denn ein »Schnauch ist etwas, das jedermann braucht«. Irgendwann ist allerdings nichts mehr da, was noch jemand gebrauchen könnte, keine Bäume, die man noch abholzen, keine Tiere, an denen man sich erfreuen, nicht einmal mehr Luft, die man noch atmen könnte. Die Natur ist zugrunde gerichtet. Da packt sich der Lorax selbst am Hosenboden und fliegt durch den letzten blauen Fetzen in der Wolkendecke davon. Dieses Ende machte meinen Sohn so wütend, dass er ankündigte, eine Maschine zu bauen und damit alles kaputt zu machen, was der Einstler errichtet hatte, zuallererst seine Fabrik. Und dann, sagte er, könnten die Braunfelliwullis, Summerfische und Schwippschwäne ja wiederkommen.

Diese Reaktion trifft genau den Kern der Umweltbewegung. Sie ist typisch für jeden, der sich um den Planeten sorgt, und besteht vereinfacht aus drei Stadien. Man erahnt, welchen Wert die Schöpfung hat. Man begreift, dass der Mensch die Macht hat, diese Welt gänzlich zu zerstören, aber zu wenig Macht, um sie wieder zu heilen. Und schließlich wendet man sich gegen das, was die Natur zerstört.

Diese Wut ist verständlich. Immerhin geht es darum, die Umgebung zu erhalten, in der man selbst lebt. Viele Umweltschützer teilen diese Wut, und das war lange kein Problem. Sie konnten der Technik gegenüber feindlich gesinnt sein, weil es keinen Unterschied machte. Ihr Engagement gefährdete die Technik selten grundsätzlich. Sie mussten einfach nur sagen, was aufhören sollte. Die Verschmutzung der Flüsse sollte enden, es sollte kein saurer Regen mehr über den Wäldern niedergehen, radioaktiver Müll sollte nicht mehr ins Meer verklappt und die Abfälle aus Haushalten nicht mehr achtlos in den Wald geworfen werden. Die Umweltpolitik war also vor allem eine ex negativo. Sie definierte sich dadurch, störende Einflüsse auf die Natur zu beseitigen. Um diese Politik durchzusetzen, reichte es, ein Gefühl zu erzeugen. Wenn die Menschen spürten, was sie anrichteten, dann hatten die Aktivisten schon gewonnen. Irgendwann ergaben sich daraus politische Mehrheiten, und die setzten die notwendigen Schritte um.

Diese Schritte bestanden darin, Umweltstandards einzuführen. Die Betreiber von Kohlekraftwerken mussten das giftige Rauchgas entschwefeln, Autohersteller mussten Katalysatoren in ihre Fahrzeuge einbauen. All das änderte aber nie prinzipiell etwas an der Art und Weise, wie die Menschen lebten und wie die technische Zivilisation funktionierte. Die Abgase von Autos sollten vielleicht besser gereinigt werden, die Leute durften aber weiter damit fahren. Fabriken sollten damit aufhören, ihren Dreck in die Flüsse einzuleiten, sie durften aber weiter produzieren. Welche Rolle spielte es da, dass einige Umweltaktivisten vielleicht ein grundsätzliches Problem mit Fabriken hatten? Es reichte, dass der Rauch aus den Schornsteinen sauberer wurde. Schon das war ein Erfolg für die Umweltschützer. Über die Jahre entstand so ein Gleichgewicht. Die Industrie akzeptierte strengere Auflagen, die Aktivisten fanden sich damit ab, dass die Fabrik in ihrer Nähe weiterbestand. Man könnte sagen, dass so die eigentliche industrielle Moderne anbrach. Es gelang den Menschen, ihre Technik einzuhegen, ohne sich ihrer zu entledigen.

Nun aber bringt der Klimaschutz dieses Gleichgewicht aus der Balance. Er gefährdet die Technik in ihren Grundfesten. Die Menschheit kann die Erderwärmung nur bremsen, indem sie auf viele technologische Errungenschaften verzichtet, die ihr Leben seit der Industrialisierung prägen, zum Beispiel auf Kohlekraftwerke. Ihr bleibt kaum etwas anderes übrig. Gleichzeitig braucht sie eine technische Revolution, um ihren Wohlstand zu erhalten. Man muss sich nur vor Augen führen, wie sehr sie noch immer von fossilen Rohstoffen abhängig ist. Rund achtzig Prozent der Energie, die die Welt verbraucht, stammt aus Kohle, Öl und Gas. Die Windenergie lag laut der Internetseite »Our World in Data« 2022 bei etwas mehr als drei Prozent, Solarenergie bei zwei Prozent. Damit sich das ändert, brauchen die Menschen einen ungeheuren Erfindergeist. Sie müssen ja nicht nur ihre Energieversorgung ändern. Sie müssen alles ändern. Sie müssen viel weniger verbrauchen. Flugzeuge müssen leichter werden, Häuserdämmungen dicker, Heizungen sparsamer und Batterien leistungsfähiger. In jedem Detail steckt Verbesserungsbedarf. Natürlich könnte die Menschheit Klimaschutz auch ohne jede Erfindung bewerkstelligen. Dann wäre sie allerdings arm. Sie ist also auf den Fortschritt angewiesen wie noch nie zuvor in ihrer Geschichte.

Moderner Naturschutz bekommt deswegen ein Problem, wenn er technikfeindlich ist. Er muss versuchen, sein Blickfeld über die Natur hinaus zu erweitern. Er muss auch zu einem Technikschutz werden. Wo immer eine Entdeckung das Potenzial hat, den Klimaschutz voranzubringen, und sei es noch so klein, sollten Umweltpolitiker und Aktivisten genau hinsehen. Sie sollten Erfindungen Raum geben und einen Nährboden schaffen, auf dem sie gedeihen können. Da wäre es gut, wenn Deutschland eine Reihe von Umwelt- und Nichtregierungsorganisationen und noch dazu eine grüne Partei hätte, die genau das tun. Hat es die?

Man kann das an einem Thema überprüfen, das auf den ersten Blick wenig mit Klimaschutz zu tun hat: der Gentechnik. Vor Jahren ist Forschern auf diesem Feld ein Durchbruch gelungen. Sie haben eine Genschere entwickelt, mit der sie das Erbgut von Pflanzen gezielt verändern können. Sie können im Reagenzglas Pflanzensorten erschaffen, die sie früher über Jahrzehnte züchten mussten. Sie können sozusagen mit einem Fingerschnipsen Weinreben entstehen lassen, auf die sie in der Antike neidisch gewesen wären, oder Maissorten, die selbst bei Dürre durchhalten und mehr Vitamin C enthalten. Bisher gab es für solche genveränderten Pflanzen strenge Auflagen. In Deutschland durften Wissenschaftler sie nur anbauen, wenn sie unzählige Formulare ausfüllten und ihre Felder für jeden sichtbar kennzeichneten. Viele gaben deshalb auf oder gingen in die USA. Da sah man das alles etwas entspannter mit den Auflagen.

Im Juli 2023 wollte die EU-Kommission diesen Umgang ändern. Pflanzen, die mit der Genschere verändert wurden, sollten genauso behandelt werden wie gezüchtete Pflanzen. Sollte es so kommen, müssen Forscher sie nur registrieren und auf dem Feld testen. In Deutschland schaut sich dann das Bundessortenamt an, ob sie halten, was sie versprechen. Wenn es keine Einwände erhebt, dürfen Bauern die neuen Sorten anbauen. Hinter dem Plan stand der damalige EU-Kommissar Frans Timmermans, den bisher noch keiner verdächtigt hat, ein Liberaler zu sein. Und doch wollte er den Umgang mit genveränderten Pflanzen liberalisieren. Die Vorteile der Genschere sind einfach zu groß, wenn sich die Welt durch den Klimawandel immer weiter aufheizt. Die Menschen könnten damit Weizen züchten, der selbst in ausgezehrten Landstrichen und auf ausgelutschten Böden noch wächst. Die Genschere kann also gerade in den Gegenden helfen, die der Klimawandel besonders bedroht, zum Beispiel in Afrika. Sie lindert die Not der Ärmsten, was Umweltaktivisten beim Klimaschutz bekanntlich besonders wichtig ist. Sie haben dafür sogar einen Begriff erfunden, den der »Klimagerechtigkeit«. Damit ist gemeint, dass Klimaschutz nicht einfach nur wirksam sein soll, sondern auch gerecht. Selbst die Deutsche Akademie der Naturforscher Leopoldina ist dafür, die Genschere zu liberalisieren, und deren Mitglieder sind nicht gerade als Zocker bekannt. Sie gehörten in der Corona-Pandemie felsenfest zum Team Vorsicht. Wenn sogar so eine Institution keine Einwände hat, dann kann man sagen: Der Ball liegt vor dem Tor, der Torwart ist ausgespielt. Die Grünen und die Naturschutzverbände mussten ihn nur noch einschieben.

Machten sie aber nicht. Sie versuchten nicht mal, überhaupt gegen den Ball zu treten. Meine früheren Kolleginnen Livia

Gerster und Pia Heinemann haben für die *Frankfurter Allgemeine Sonntagszeitung* bei ihnen nachgefragt. Der Präsident von »Bioland«, Jan Plagge, zeigte sich »entsetzt« vom Plan der EU. Renate Künast von den Grünen hatte »überhaupt kein Verständnis« dafür, sie forderte Bundeslandwirtschaftsminister Cem Özdemir sogar auf, ihn abzulehnen. Umweltministerin Steffi Lemke schrieb eine längliche Stellungnahme dagegen, gewissermaßen als Inspirationshilfe für Özdemir. Nicht einmal junge Abgeordnete trauten sich, gegen die Position in ihrer Partei aufzubegehren. Die Politikerin Zoe Mayer sagte meinen Kolleginnen, sie sei »sehr kritisch«. Mit der Genschere könne man »einiges Schindluder treiben«.

Die Grünen bringen durchaus Argumente vor. Zum Beispiel sind sie in der Partei gegen Monokulturen. Sie wollen also verhindern, dass in Norddeutschland kilometerweise Mais gepflanzt wird, weil das der Biodiversität schadet. Deshalb sind sie gegen die Liberalisierung der Genschere. Das ist schon eine erstaunliche Argumentation: Die Grünen sind so in Sorge vor Monokulturen, dass sie ein Problem damit haben, Pflanzen widerstandsfähiger und nahrhafter zu machen. Das könnte die Menschen ja in Versuchung führen, noch mehr von diesen Pflanzen anzubauen, gerade in ärmeren Landstrichen. Die Grünen wollen eine Technik ausbremsen, mit deren Hilfe Hungersnöte auf der ganzen Welt bekämpft werden können, weil sie wollen, dass die Wiesen in ihrer Heimat unangetastet bleiben.

Viele in der Partei haben außerdem Schwierigkeiten mit den Patenten. Sie fürchten, dass Kleinbauern abhängig werden von Großkonzernen und ihrem Saatgut. Warum fordern sie dann nicht ein Gesetz, das dieses Problem löst? Es ist, als würden die Grünen sagen: Wir haben Sorge, dass unsere Häuser abbrennen, deswegen verbieten wir das Feuer. Dabei hat die Beherrschung des Feuers die Zivilisation erst hervorgebracht. Besser wäre es, in den Brandschutz zu investieren.

Aber was ist, wenn diese Felder woanders sind, zum Beispiel in Bangladesch oder den Philippinen? Dann haben Umweltschützer doch sicher keine Einwände, oder? Es geht ja dann immerhin um Länder, in denen Armut herrscht, in denen die Bauern mit schweren Naturkatastrophen und Schädlingen zu kämpfen haben und Mangelernährung noch immer ein großes Problem ist.

Vor einigen Jahren entwickelte das indische Unternehmen Mahyco eine gentechnisch veränderte Aubergine, unterstützt von der Behörde der Vereinigten Staaten für internationale Entwicklung. Die Pflanze bekam ein Gen aus einem Bakterium eingepflanzt, und damit produzierte sie einen Wirkstoff, der giftig ist für Schädlinge. Bauern in Indien, Bangladesch und den Philippinen haben große Probleme mit dem Auberginenfruchtbohrer. In manchen Gegenden befiel dieses Insekt so viele Auberginen, dass ein Großteil der Ernte ausfiel. Die Bauern gingen also über ihre Felder und versprühten Pestizide. Das dauert, noch dazu ist es ungenau. An der einen Stelle landet vielleicht zu viel davon und tötet nicht nur den Auberginenfruchtbohrer ab, sondern so ziemlich alles, an der anderen Stelle landet zu wenig, sodass die Ernte dort doch vernichtet wird. Auch die Bauern litten darunter. Viele trugen keine Schutzkleidung. Und wer regelmäßig durch einen Sprühnebel aus Schädlingsgift laufen muss, der wird krank.

Deshalb arbeiteten Wissenschaftler schon seit Jahren daran, das Problem zu lösen. Sie versuchten, eine neue Pflanze zu züchten. All das brachte aber keinen Fortschritt. Erst mit der gentechnisch veränderten Aubergine gelang ihnen der Durchbruch. Sie ist völlig ungefährlich, außer für den Auberginenfruchtbohrer. Das Gift, das sie enthält, ist ein Eiweiß. Im Verdauungstrakt des Menschen oder von Tieren gerinnt dieses Eiweiß. Obendrein ähnelte dieses Gift dem in den Pestiziden, die Bauern einsetzten. Die mussten allerdings viel mehr davon versprühen, um nur annähernd den gleichen Effekt zu erreichen. Manche Bauern mussten zwei- bis dreimal in der Woche ausrücken, und selbst das konnte den Befall nicht verhindern. Mit der gentechnisch veränderten Aubergine war das alles Vergangenheit. Sie schonte die Felder und die Bauern. Zudem sollte sie auch ärmeren Landwirten zugutekommen. Die sollten Saatgut erhalten, mit dem sie die Aubergine selbst züchten konnten. Eben deshalb unterstützte die amerikanische Entwicklungshilfebehörde das Projekt.

Die Firma Mahyco tat, was nötig war, um die Pflanze auf den Markt zu bringen. Sie durchlief in Indien sämtliche Zulassungsverfahren. Sie dokumentierte über Jahre, dass von der Frucht keine Gefahr ausging. Deshalb erlaubte die indische Zulassungsbehörde für Gentechnik 2009 den Anbau. Wer sollte nach all diesen Schritten auch etwas dagegen haben?

Umweltorganisationen hatten etwas dagegen. Sie führten einen Krieg gegen die Frucht. Greenpeace organisierte in ganz Indien Proteste. Der Druck war so groß, dass der indische Umweltminister schon einen Tag später die Genehmigung aussetzte und mehrere öffentliche Anhörungen zum Thema einberief. Die nutzten Gegner der gentechnisch veränderten Aubergine als Bühne, um Stimmung dagegen zu machen. Deutsche Aktivisten halfen, wo sie konnten. Die in Deutschland ansässige Welthungerhilfe teilte mit, dass eine ihrer Partnerorganisationen in Indien »breiten Widerstand gegen den Anbau« mobilisierte. Sie widmete diesem Widerstand einen ganzen Artikel in ihrer Zeitschrift »Welternährung«. Im selben Magazin erklärten zwei deutsche Mitarbeiter der Welthungerhilfe, dass genetisch gezüchtete Saat »keine Lösung« sei. Informationen über Forschungsstand und Risiken würden in der Öffentlichkeit »von Interessen geleitet und ideologisiert dargestellt«. Es sei nicht bewiesen, dass diese Pflanzen gegen den Hunger in Entwicklungsländern helfen würden.

Wenige Monate später verhängte der indische Umweltminister ein Moratorium und setzte den Anbau der Pflanze aus. Dieses Moratorium gilt bis heute. Eine internationale Allianz aus Naturschützern erreichte also, dass eine Pflanze gestoppt wurde, die den Pestizidverbrauch verringern würde und die Ernte steigerte. Man kann es auch anders sagen: Umweltschützer erreichten, dass die Umwelt weiter geschädigt wurde, und zwar auf Jahre hinaus.

Damit ging die Geschichte erst los. Einige Jahre später wollten die Regierungen in Bangladesch und auf den Philippinen die gentechnisch veränderte Aubergine in ihren Ländern zum Anbau freigeben. Die Vorteile der Pflanze lagen ja auf der Hand. Wieder protestierten Naturschützer aufs Heftigste, wieder leisteten deutsche Aktivisten Schützenhilfe. Auf den Philippinen klagte Greenpeace gegen die Zulassung. Anhänger der Organisation zerstörten zusammen mit indischen Umweltaktivisten sogar ein Feld, auf dem Wissenschaftler die Aubergine testeten. »Dekontamination« nannten sie das. Die Anhänger tauchten in Schutzanzügen mit Greenpeace-Logo auf und entsorgten die Pflanzen, als handele es sich um eine biologische Waffe.

Einzig Bangladesch ließ sich von alldem nicht beirren. Trotz aller Proteste gestattete das Land seinen Bauern ab 2013, die gentechnisch modifizierte Frucht anzubauen. Mehrere Studien haben seitdem untersucht, welchen Unterschied die neue Frucht machte. Es war ein durchschlagender Erfolg. Die Bauern sparten laut einer dieser Studien mehr als sechzig Prozent der Kosten für Pestizide. Sie verdienten sechsmal so viel mit ihrer Ernte. Einigen Bauern, die chronisch krank gewesen waren, weil sie Pestizide versprühten, ging es jetzt besser. Andere blieben von diesem Schicksal komplett verschont. Das meiste, was Greenpeace und andere Umweltorganisationen behauptet hatten, war falsch gewesen. Weder gefährdete die gentechnisch veränderte Aubergine die Umwelt, noch gefährdete sie die Ernte, ganz im Gegenteil. Irgendwann fiel das auch den indischen Bauern auf. Zehn Jahre nach dem Moratorium demonstrierten mehr als tausend Landwirte gegen die Entscheidung ihrer Regierung. Sie pflanzten symbolisch gentechnisch veränderte Auberginen an. Im Oktober 2022 erlaubte die Regierung auf den Philippinen den Anbau. In gewisser Weise endete die Geschichte also versöhnlich. Der Fortschritt lässt sich niemals aufhalten, er lässt sich höchstens bremsen.

Die entscheidende Frage ist allerdings: Warum sind Umweltaktivisten und die Grünen gegen diesen Fortschritt, sogar dann, wenn er der Umwelt nützt? Und was ist eigentlich der Unterschied zwischen einer gentechnisch optimierten Pflanze und einem Impfstoff auf mRNA-Basis, wie der, den die Firma Biontech in der Pandemie entwickelte? Was ist der Unterschied zwischen Gentechnik, die man isst, und Gentechnik, die man sich spritzen lässt? Immerhin gelangt bei diesem Impfstoff der genetische Bauplan für die Oberfläche des Coronavirus in den Körper und dann in die Zellen. Die bauen anschließend die Oberfläche des Virus nach, damit das Abwehrsystem reagieren kann. Über diesen Impfstoff jubelten die Grünen und Umweltorganisationen damals. In der Hochphase der Pandemie taten sich grüne Nichtregierungsorganisationen zusammen, um zum Impfen aufzurufen. Sie passten dafür sogar ihre Logos an. »Impfen statt Warten«, stand unter dem von Greenpeace. »Für eine Welt mit Impfung«, stand unter dem der Welthungerhilfe, und »Wir sind, was wir tun. Die geimpften Naturschutzmacher*innen«, stand unter dem Logo des Naturschutzbundes Deutschland. Wer die Impfung gegen das Coronavirus ablehnte, musste aus diesem Lager mit harter Kritik rechnen. Solche Menschen galten Linken mindestens als unsolidarisch. Sie wurden als Wissenschaftsleugner und Schwurbler bezeichnet. Für einige traf das ja auch zu. Sie taten so, als sei der Impfstoff Gift. Sie taten also genau das Gleiche wie Greenpeace bei der gentechnisch veränderten Aubergine. Beide, Querdenker wie Greenpeace, schürten Ängste ohne wissenschaftliche Grundlage.

Ich habe damals für die *Frankfurter Allgemeine Sonntagszeitung* den Mediziner Sucharit Bhakdi in Kiel besucht, eine Galionsfigur der Querdenker. Bhakdi behauptete nicht nur, dass die medizinische Atemschutzmaske hochgefährlich sei. Nachdem er erfahren hatte, dass meine Frau schwanger war, fragte er mich: »Wenn Sie mir sagen, Ihre Frau ist schwanger, und man zwingt sie, eine Maske zu tragen, dann sage ich, sind Sie sicher, dass das nicht schlecht ist für Ihr Kind?« In Wahrheit wäre es für unser Kind gefährlicher gewesen, wenn seine Mutter in der Schwangerschaft Corona bekommen hätte. Es gab genügend Studien, aus denen hervorging, dass eine medizinische Atemmaske keine Gefahr darstellt, außer für Asthmatiker oder schwer kranke Menschen. Mich erinnert Bhakdis Aussage an den Protestbrief einer bekannten Umweltaktivistin an die Premierministerin von Bangladesch, kurz bevor das Land Bauern gestattete, die neue Aubergine anzupflanzen. Trotz aller Tests hieß es darin: »Die Risiken für die Umwelt und die Ökologie sind sehr hoch. Insbesondere ist eine irreversible biologische Verunreinigung zu befürchten.« »Wer«, fragte die Aktivistin weiter, »übernimmt denn die Haftung, wenn etwas schiefgeht?«.

Bhakdi wird aus vielen Gründen kritisiert, zum Beispiel wegen antisemitischer Aussagen. Deshalb sollte man ihn nicht mit Greenpeace und Co. gleichsetzen. Aber im Kern ist er ein Wissenschaftsleugner. Nur: Wenn man ihn so bezeichnet, wie soll man dann die Gentechnikgegner nennen? Auch sie leugnen naturwissenschaftliche Fakten.

Manchmal kommt es mir so vor, als wäre der Naturschutz noch unter dem Stand eines Vierjährigen. Mein Sohn hatte bei der Lektüre des *Lorax* immerhin etwas verstanden. Fabriken zerstörten die Umwelt, sie mussten also weg. Die Aktivisten hingegen konnten oder wollten nicht verstehen, dass die gentechnisch veränderte Aubergine für die Menschen in Asien ein Segen war und dass sie am Ende sogar dem Naturschutz diente.

Aber ist es nicht richtig, auf Gefahren hinzuweisen? Ist es nicht besser, vorsichtig, ja skeptisch zu sein, wenn eine Technologie mit Heilsversprechen überfrachtet wird? Genau genommen sind die Grünen und Naturschutzverbände aus diesen Fragen hervorgegangen. Sie haben als Erste damit begonnen, Risiken für den Planeten abzuwägen. Sie haben sich gegründet, weil die Mehrheitsgesellschaft diese Risiken ignorierte. Umweltschützer machten den Bürgern klar, dass die kurzfristigen Gewinne einer Fabrik wertlos sind, wenn dabei auf lange Sicht die Landschaft zerstört wird. Sie machten ihnen klar, dass Strom aus Atomkraftwerken selbst an eiskalten und windstillen Tagen wertlos ist, wenn Schaufelbagger die Brennstäbe anschließend in das nächste Salzbergwerk kippen und sie dort für Tausende von Jahren die Gegend verstrahlen. Man kann also sagen: Die Grünen haben den Begriff des Risikos geschärft. Das ist ihr Verdienst. Oder vielmehr: Das war ihr Verdienst. Heute gelingt es vielen Mitgliedern der Partei nicht mehr, Gefahren gegeneinander abzuwägen. Wäre es so, dann würden sie anders zur Gentechnik stehen. Selbstverständlich war und ist diese Technologie ein Wagnis. Deshalb galten für Jahre strengste Auflagen. In Indien und Bangladesch mussten Forscher die gentechnisch veränderte Aubergine erst im Labor, dann auf dem Feld testen. Bevor überhaupt nur an eine Zulassung zu denken war, haben Behörden sie wieder und wieder geprüft. Das Risiko, dass noch etwas Unerwartetes passieren würde, war gering. Das Risiko hingegen, dass asiatische Kinder und Jugendliche Hunger leiden, ist bereits eingetreten. Sie tun es. Das müsste den Abwägungsprozess eigentlich erleichtern.

Beim Klimawandel ist das ähnlich. Die Wahrscheinlichkeit, dass er eintritt, liegt bei 100 Prozent. Die Menschheit steckt mittendrin. Es ist nur noch die Frage, wie schlimm es werden wird, ob wir bei 1,5, 2, 3 oder 4 Grad über dem bisherigen Durchschnitt landen, mit allen Folgen für das Leben auf dem Planeten. Es ist nur noch die Frage, wie viele Landstriche veröden werden. Die Wahrscheinlichkeit, dass irgendeine gentechnisch verbesserte Pflanze alle anderen wie ein Killervirus ausrottet, ist dagegen gering, insbesondere, da Bauern solche Pflanzen inzwischen überall auf der Welt anbauen. Es ist nicht ohne Ironie: Naturschützer haben die Risikoabwägung zugunsten des Planeten erfunden, und doch scheitern sie heute mehr als alle anderen genau daran.

Der Grund dafür ist, dass sich das Verhältnis des Menschen zur Natur fundamental gewandelt hat. Früher war die Natur eine Bedrohung. Niemand ging in den Wald, um sich zu erholen oder frische Luft zu schnappen. Die Menschen gingen in den Wald, weil sie mussten, um Feuerholz aufzusammeln, oder für die Jagd. Wer es tat, war bewaffnet, es gab dort Wolfsrudel und Bären. Er trug einen Speer oder ein Messer bei sich, später ein Gewehr. Wer eine Waffe dabeihatte, konnte sich glücklich schätzen. Kaum einer wäre im 18. Jahrhundert auf die Idee gekommen, eine Diskussion über das Für und Wider von Schrotflinten im tiefsten Wald anzuzetteln. Wem sein Leben lieb war, hatte zur Schrotflinte ein pragmatisches Verhältnis. Das ist kein Plädoyer für ein liberales Waffenrecht, es ist eine Zustandsbeschreibung. In einer übermächtigen Natur ist man auf ein Gewehr angewiesen, ganz einfach. So war das mit vielen Technologien und für lange Zeit, noch bis in die 1960er-Jahre hinein. Die Menschen hatten kein Problem mit der Technik, sie brauchten sie, um zu überleben. Man kann das vor allem in den Momenten erkennen, in denen die Natur das Gemeinwesen ganz besonders herausforderte: in Katastrophenzeiten. Die Hamburger Sturmflut von 1962 ist dafür das beste Beispiel.

Nachdem Wassermassen die Stadt überspült hatten, war für die Bewohner schnell klar, wer der Übeltäter war: die Natur. Sie zerstörte die Häuser, sie ließ die Menschen ertrinken, sie galt es zurückzudrängen. Keiner wäre auf die Idee gekommen, Deiche schlechtzureden. Sicher, in der Stunde der größten Not kritisierten manche die Zivilisation grundsätzlich. Sie waren der Ansicht, dass der technische Fortschritt den Menschen von der Natur entfremdet hatte. Er wähnte sich so sicher vor den Urgewalten, dass er den Hochwasserschutz vergaß und vernachlässigte. Er war so lange nicht mehr von einer Flut überrascht worden, dass er Warnungen im Radio ignorierte und sich das nächste Bier aufmachte. Dem stellten manche das Ideal eines Menschen entgegen, der wieder im Einklang mit der Natur leben sollte, ursprünglicher und sicherer. Das *Hamburger Abendblatt* berauschte sich zwei Tage nach der Katastrophe an dieser Vorstellung. Es schrieb angesichts des Stromausfalls von U-Bahnhöfen, auf denen »gemütliche Stalllaternen« baumelten. »Und plötzlich sah der Städter, wie der Mond und die Sterne in die dunklen Straßen leuchteten. Mond und Sterne – man hatte sie schon ganz vergessen.« Dieses Gerede währte aber nur kurz. Sobald die Bürger den Schrecken überwunden, die Schäden beseitigt und die Toten begraben hatten, wollten sie nicht etwa weniger Fortschritt, sondern mehr. Wenn die Natur der Täter war, dann war die Technik der Retter in der Not. Die Hamburger bauten höhere Deiche. Sie stellten mehr Warnsirenen auf. Sie schafften Notstromaggregate an, damit die Sirenen auch dann funktionierten, wenn mal der Strom ausfiel. Sie waren euphorisch, die Natur mithilfe der Technik einzudämmen. Im Bericht des Sachverständigenausschusses steht dazu der Satz: »Mit den bewusst gemachten Erfahrungen und den gegebenen modernen technischen Hilfsmitteln kann ein Apparat geschaffen werden, der nach menschlichem Ermessen allen Anforderungen gerecht wird.«

Diese Wahrnehmung änderte sich nur dreißig Jahre später, bei der Oderflut im Jahr 1997. Jetzt war die Natur kein Täter mehr. Sie war das eigentliche Opfer. Die Menschen waren selbst schuld daran, dass ein Hochwasser ihre Siedlungen im Osten bedrohte. Jahrelang hatten sie Flüsse begradigt und zu »Vollgaspisten« ausgebaut, wie es der *Spiegel* beschrieb. Sie hatten dem Fluss den Raum genommen. Es gab keine Wiesen und Auen mehr, die er überfluten konnte und die den Druck auf die Deiche entlastet hätten. Man müsse befürchten, schrieb die *Kopenhagener Zeitung* damals, »dass unsere eigene Zivilisation eine der Ursachen ist. Vielleicht sogar die ausschlaggebende«. Die Deutschen begegneten dem Wasser vor allem mit Sandsäcken. Ansonsten war ihnen ihre Technik eher suspekt. Mit ihrer Hilfe hatten sie die Natur ja erst so weit in die Enge getrieben, dass sie sich jetzt zurückholte, was angeblich ihr gehörte. Nach der Katastrophe wollten die Menschen im Land deshalb etwas ganz anderes als noch 1962 in Hamburg. Sie wollten ihre Zivilisation zurückbauen. Deiche sollten abgetragen, Flussbegradigungen zurückgenommen werden. Siedlungen, die zu nah am Wasser standen, sollten verschwinden.

Für viele war es damals eine neue Erkenntnis, dass die Natur das Opfer war. Journalisten schrieben Leitartikel darüber. Seit alle so viel über den Klimawandel reden, ist es auch dem Letzten klar. Die Angst um den Planeten ist seitdem in den Kinderzimmern der Republik angekommen, und sie hat etwas Absolutes. Der Mensch hat das Klima verändert, er hat also in ein weltumspannendes System eingegriffen. Nun trägt er die Verantwortung für alles, was daraus folgt. Jede überflutete Straße, jede verdorrte Wiese erinnert ihn daran. Die Natur hat ihre Unschuld verloren. Katastrophen sind deshalb keine Schicksalsschläge mehr, die über die Gemeinschaft hereinbrechen. Es gibt keine höhere Gewalt mehr. Jedes Extremereignis ist mittelbar auf unser Handeln zurückzuführen. Im Grunde gibt es nicht einmal mehr Naturkatastrophen. Es gibt nur noch Katastrophen, die der Mensch verursacht.

Das hat weitreichende Folgen, vor allem für die Gesellschaft. Die Menschen rücken im Angesicht der Katastrophe nicht mehr zusammen, wie sie es früher taten. Sie geben einander die Schuld daran. Die Kraft, die aus so einem Extremereignis erwächst, richten die Menschen jetzt gegen sich selbst. Sie bekämpfen sich gegenseitig statt die Wassermassen. Man kann es überall beobachten. Kurz vor der Bundestagswahl 2021 brannten in Kanada die Wälder. Oliver Krischer von den Grünen, später Umweltminister von Nordrhein-Westfalen, machte damals ausgerechnet den Kanzlerkandidaten der Union Armin Laschet dafür verantwortlich. Er schrieb, dass Laschet zu wenig Windräder baue, und das koste »überall auf der Welt – gerade in Kanada – Menschen das Leben«. Es ist natürlich grotesk, so etwas zu sagen. China stößt seit Langem schon jedes Jahr mehr als zehnmal so viel Kohlendioxid aus wie Deutschland. Warum also gab Krischer nicht der Kommunistischen Partei Chinas die Schuld für die Waldbrände in Kanada? Und doch ist seine Aussage nur folgerichtig. So reden Politiker eben, wenn die Natur ihre Unschuld verliert. Sie machen Wahlkampf mit Katastrophen.

All das verändert auch den Umgang mit Technologie. Sie ist den Menschen nun grundsätzlich suspekt. Sie brauchen sie ja nicht mehr, um sich vor den Urgewalten zu schützen. Es ist umgekehrt: Sie müssen die Umwelt vor der Zivilisation und ihren Folgen schützen. So wird das Unbehagen an der Moderne zu einem Unbehagen an der Technik per se. Jedes Kraftwerk, jeder Deich, jedes Auto, ja jede Schraube steht unter Verdacht. Was der Mensch auch erfindet oder errichtet, er muss zuerst beweisen, dass er damit keinen Schaden auf der Erde anrichtet. Die Bürger akzeptieren Technologie nur noch, wenn sie völlig harmlos wirkt. Man muss nur die Broschüren von Windkraftherstellern aufschlagen. Eigentlich sieht man darin kaum Windräder. Man sieht vor allem unberührte Wiesen, Sonnenuntergänge und Wellen, die aussehen wie in einem Urlaubsprospekt. Am Horizont dann eine Turbine, weichgezeichnet vom Dämmerlicht. Die Windräder stehen auf diesen Fotos für eine neue Bescheidenheit. Sie stillen die Sehnsucht einer Gemeinschaft, die die Grenzen des Planeten achtet und sich kommunitarisch selbst versorgt. Deshalb sind sie so beliebt.

Dabei ist dieser Eindruck vollkommen falsch. In Wahrheit greifen die Erneuerbaren in die Landschaft ein wie kaum ein anderes Kraftwerk. Wenn die Grünen ihre Energiepolitik umsetzen wie geplant, wird es in Deutschland keinen unberührten Landstrich mehr geben. Windräder werden überall stehen, in Wäldern, im Meer. Solardächer werden jede Wiese überdachen, die sich nur im Entferntesten dafür eignet. Die Technik wird die Natur vollständig überwölben und zerschneiden. Vögel und andere Tiere werden ausweichen müssen. Diskussionen über die Umsiedlung irgendwelcher Fledermäuse oder Mauereidechsen können die Deutschen dann vergessen, zumindest wenn sie wollen, dass die Energiewende gelingt.

Es ist paradox: Ausgerechnet diejenigen, die die Natur regelmäßig gegen die Technik ausspielen, sorgen mit ihrer Politik dafür, dass schwerwiegende Eingriffe in die Natur erst nötig werden. Bauern müssen tonnenweise Pestizide versprühen, weil sie keine gentechnisch veränderten Pflanzen anbauen dürfen. Die Deutschen müssen Zehntausende Windräder und Millionen Solardächer aufstellen, weil die Grünen so gut wie alle anderen Kraftwerke ablehnen. Eine Politik, die genau das Gegenteil dessen erreicht, was sie erreichen will, gilt normalerweise als gescheitert. In Deutschland hört man das allerdings selten. Noch immer halten viele Naturschützer an ihren Glaubenssätzen fest. Es gab zum Beispiel kaum interne Kritik an der Haltung der Partei zur Genschere. Dabei sind die Grünen doch eigentlich eine moderne Partei. Sie stehen für den Fortschritt, schon weil sie für den Naturschutz eintreten. Sie haben wie kaum eine andere Partei die Zeichen der Zeit erkannt. Dass ausgerechnet ihre Mitglieder an überholten Inhalten festhalten, ist erstaunlich.

Beziehungsweise, man kann es erstaunlich finden. Wenn man genauer hinsieht, ist es gar nicht so überraschend. Die Grünen sind in Deutschland keine neue Partei. Es gibt sie seit mehr als vierzig Jahren, schon 1983 ist sie das erste Mal in den Bundestag eingezogen. Es ist nun schon fünfundzwanzig Jahre her, dass Joschka Fischer und seine Mannschaft in der rotgrünen Koalition die Bundespolitik mitgestaltet haben. Man kann also sagen, die Grünen sind etabliert. Sie gehören zum Establishment. Wer so lange im Geschäft ist, läuft Gefahr zu verknöchern. Die Haltung der Grünen zur Gentechnik etwa stammt aus einer Zeit, in der noch keiner wusste, wie gefährlich diese Technologie sein und was sie wirklich bringen würde. Damals war es berechtigt, auf Risiken hinzuweisen, vielleicht sogar klug. Die Aktivisten wollten die Welt warnen. Sie wollten sie daran hindern, gedankenlos mit einer Technologie herumzuexperimentieren, die Flora und Fauna für immer verändern könnte. Seitdem ist allerdings viel passiert. Forscher haben Pflanzen getestet, Gutachter haben sie sich angesehen, Bauern haben sie angebaut. Es hat Fortschritte gegeben, die Technik ist erprobt. Wer heute noch so tut, als drohe die Apokalypse, wenn im Handel ein gentechnisch veränderter Samen auftaucht, der schürt Panik. Schlimmer noch, er ist unaufgeklärt. Er ist also genau das Gegenteil dessen, was die Grünen sein wollen. Da es keinen triftigen Grund mehr gibt, eine solche Technik abzulehnen, muss es einen anderen geben. Es gibt ihn, und er ist relativ banal. Es ist der Wunsch, dass sich nichts ändert. Alles soll so bleiben, wie es ist. Es ist ein Missverständnis, zu glauben, dass es solche Leute nur im rechten Lager gibt. Es gibt sie auch unter Naturschützern, besonders in Deutschland.

Muss Umweltschutz also scheitern? Muss er an seinen eigenen überhöhten Ansprüchen zugrunde gehen? Es gibt noch einen anderen Weg, und man kann ihn leichter beschreiten, wenn man sich zunächst etwas eingesteht. Es ist die Illusion, dass man die Natur so erhalten könnte, wie sie ursprünglich einmal war. Dieses Vorhaben war schon immer vergeblich. Es gibt in Europa keinen einzigen Wald, der so aussieht wie vor 500 Jahren. Selbst die Wolfsrudel, die sich nun in Deutschland wieder ausbreiten, ändern daran nichts. Früher gab es in den europäischen Wäldern Bären, es wuchsen andere Bäume. Es gab zum Beispiel kaum Fichten, die haben die Menschen erst später angepflanzt. Was sie heute erhalten, ist oft schon eine von ihnen selbst erschaffene Kulturlandschaft. Ein gutes Beispiel dafür ist die Lüneburger Heide. Sie ist entstanden, weil die Einheimischen den Wald gerodet, ihre Schafsherden dort grasen ließen und schließlich die Böden abgetragen haben, um Streu für ihre Ställe zu gewinnen. Nun wächst auf den Hügeln Heidekraut, eine lila schimmernde Blume, die sich sanft im Wind neigt. Das verzaubert die Menschen. So haben sie die Lüneburger Heide unter Naturschutz gestellt. Dabei sind die Böden der Heide übersäuert. Die Menschen haben eine Natur unter Schutz gestellt, die sie zerstört haben, das ist die Ironie. Im Grunde ist es eher eine Art Denkmalschutz.

Wer das einmal begriffen hat, dem fällt es leichter, sich von der Vorstellung einer reinen Natur zu lösen. Es hat sie nie gegeben. Man kann dann auch eher akzeptieren, dass sich die Natur in Zukunft noch viel stärker verändern wird. Das ist unvermeidlich. Egal, was die Menschheit tun wird, den Klimawandel kann sie höchstens abbremsen. Schon jetzt ist die Durchschnittstemperatur auf der Erde um weit mehr als ein Grad gestiegen. Viele Forscher halten es für unrealistisch, dass es uns gelingen wird, den Anstieg auf 1,5 Grad zu begrenzen. Dafür müssten die Staaten viel weniger Kohlendioxid ausstoßen, als sie es noch immer tun. Die Natur wird sich also wandeln. Es wird wärmer werden. Tigermücken könnten in Norddeutschland heimisch werden, das Dengue-Fieber zu einer Volkskrankheit der Deutschen werden. In manchen Städten werden Palmen wachsen, die Wälder werden anders aussehen. Arten könnten verdrängt werden, Bäume absterben, Meere umkippen. Und doch liegt etwas Beruhigendes in der Erkenntnis, dass sich alles verändert. Weil es sowieso der Fall ist, kann man auch den Versuch aufgeben, an alten Glaubenssätzen des Naturschutzes festzuhalten. Man kann es auch so ausdrücken wie mein früherer Kollege Claudius Seidl, der in einem Artikel über die AfD einmal an einen Satz aus dem Roman *Der Leopard* von Giuseppe Tomasi di Lampedusa erinnerte. Der junge Adelige Tancredi sagt dort: »Wenn wir wollen, dass alles so bleibt, wie es ist, dann ist es nötig, dass sich alles verändert.« Für den Klimaschutz gilt das besonders. Ein Klimaschutz, der sich gegen die Technik richtet, ist zum Scheitern verurteilt. Dann werden die Umwälzungen, die der Menschheit bevorstehen, nur noch tiefgreifender sein.

Eigentlich steckt diese Erkenntnis schon im Satz meines Sohnes, als er das Buch *Der Lorax* zum ersten Mal hörte. Es ist eine Aussage, die Mut macht. Er wollte ja eine Maschine bauen, um die Fabriken des Einstlers zu zerstören. Darum geht es auch beim Klimaschutz. Die Menschen müssen Maschinen bauen, um ihre alten Maschinen zu ersetzen. Sie müssen sich auf die Seite des Fortschritts stellen.

Was aber ist, wenn das am Ende in eine Technokratie mündet? Naturschützer fürchten das. Sie halten schon den Begriff

Fortschritt für eine Lüge, die das Profitstreben von Großkonzernen verschleiern soll. Eine Welt, in der die Technik regiert, ist für sie keine Utopie, sondern ein Albtraum. Es ist eine kalte Moderne, die ihre Umgebung vermisst, in Planquadrate einteilt und einer alles verschlingenden Rationalität unterordnet. Jeder Baum und Grashalm wird einzig und allein danach beurteilt, wie nützlich er ist. Schlussendlich führt das in ein Leben ohne Träume, ohne echte Freiheit, ohne jeden Ort, an dem man sich entfalten kann.

Diese Sorge ist aber übertrieben, und zwar aus einem ganz einfachen Grund. Es braucht nicht noch mehr Rationalität insgesamt. Es braucht nur mehr Rationalität im Naturschutz. Die Menschen brauchen einen technokratischen Umweltschutz. Das ist eine Herausforderung, keine Frage. Bisher standen Technik und Natur immer gegeneinander. Jetzt müssen sie zusammengedacht werden. Das läuft den Instinkten der Menschen zuwider. Sie sind gezwungen, an Technologien festzuhalten, die vielleicht kurzfristig Gefahren bergen, langfristig aber das Klima schützen. Sie müssen neu lernen, Risiken abzuwägen, und es wird schwerer sein als in früheren Zeiten. Die größte Gefahr liegt heute in der Zukunft, und sie ist abstrakt. Keiner weiß bisher genau, in welcher Form sie die Menschen ereilen wird, ob es Fluten sein werden, Dürren, ein steigender Meeresspiegel, Massenartensterben, Korallenbleiche oder alles zusammen.

In gewisser Weise müssen die Menschen ihr eigenes Wesen verleugnen. Sie müssen lernen, sich vom Einzelfall zu lösen. Früher hatte das einen evolutionsbiologischen Sinn. Wenn eine Flut die Gemeinschaft heimsuchte, richteten alle ihre Aufmerksamkeit darauf. Schon der Schrecken, die Toten und die Sorge um das eigene Überleben sorgten dafür. Wochenlang gab es kein anderes Thema mehr. Fehler wurden gnadenlos aufgedeckt. Dann gingen die Menschen an die Arbeit, und beim nächsten Mal waren sie vorbereitet. Der Klimawandel zwingt den Menschen ein viel langfristigeres Denken auf, als sie es eigentlich gewohnt sind. Im einen Sommer kann ein kleines Gebirgsbächlein zu einem reißenden Strom werden und alles unter Wasser setzen, wie im Ahrtal. Im nächsten Sommer kann das Wasser in der gleichen Gegend knapp werden. Bei der Technologie ist es genauso. Was heute noch als gefährlich galt, kann morgen die Welt retten. Womit wir bei der Atomkraft wären.

Sechstes Kapitel

E-MAIL VON DER BEHÖRDE

Warum wir neu über die Atomkraft nachdenken müssen

Eigentlich ist es doch gut, dass wir unsere Atomkraftwerke abgeschaltet haben. Wer noch einen Beweis brauchte, wie gefährlich die Atomkraft ist, hat ihn spätestens 2011 mit dem Unglück in Fukushima bekommen. In gleich drei Reaktorblöcken kam es zu Kernschmelzen, Wälder und Dörfer wurden auf Jahre radioaktiv verseucht. So etwas hätte auch in Deutschland passieren können. Egal, wie sicher man Kernkraftwerke auch konstruiert, egal, wie dick man ihre Betonwände baut, ein Restrisiko bleibt. Es mag noch so gering sein, aber im schlimmsten Fall gibt es eine Katastrophe, das ist das Problem. Die kann niemand ausschließen.

Selbst wenn es nicht zum Äußersten kommt, schaffen die Meiler ein Problem. Der Müll, den sie produzieren, strahlt Tausende von Jahren. Den hinterlassen wir kommenden Generationen schon jetzt. Dabei weiß bisher keiner, wohin damit. Die Politik sucht schon seit geraumer Zeit nach einem Endlager, sie findet aber keins. Währenddessen strahlt der Atommüll in Zwischenlagern vor sich hin.

Warum sollte Deutschland noch mehr davon anhäufen? Erst recht, wo es doch eine Alternative gibt. Nach Fukushima haben die Deutschen ein neues Zeitalter eingeläutet, das der Wind- und Sonnenkraft. Windräder und Solardächer sollen jetzt die Energie liefern, die das Land braucht, und sie tun es, ohne ihm jemals solche Lasten aufzubürden. Wenn ein Windrad zusammenbricht, ist nicht mal eben ein halbes Bundesland für Jahre, womöglich Jahrzehnte verstrahlt. Wenn es ausgemustert wird, muss man seine Teile nicht für eine Ewigkeit in einem früheren Salzbergwerk oder im Tongestein lagern. Die Erneuerbaren fangen die Kraft der Naturgewalten ein, sie stehen für einen anderen Weg, um Energie zu erzeugen. Es geht jetzt nicht mehr darum, die Naturkräfte zu beherrschen, wie noch bei der Atomkraft. Es geht darum, im Einklang mit ihnen zu leben.

Auf diesem Weg müssen die Deutschen nur beherzt weitergehen, dann werden sie die Klimaneutralität schon irgendwann erreichen. Oder?

Ich sage das Gegenteil. Ich sage, dass es ohne Atomkraft nicht gehen wird. Damit vertrete ich eine Position, über die die Leute noch vor wenigen Jahren gelacht hätten.

Die entscheidende Frage ist, ob man den bisherigen Weg zur Klimaneutralität für gangbar hält oder eher für einen, der ins Ungewisse führt. Viele meiner Gesprächspartner der vergangenen Jahre hielten ihn für einen Pfad durchs Gestrüpp, und sie fürchteten, dass er am Rande einer Klippe endet. Einmal tauschte ich mich mit einem leitenden Angestellten eines großen deutschen Stromerzeugers darüber aus. Der Mann wollte vermeiden, dass sein Name in der Öffentlichkeit auftaucht. Im E-Mail-Dialog aber wurde er deutlich. Er hielt es für vollkommen illusorisch, dass Deutschland nur mit der Kraft von Wind und Sonne klimaneutral werden kann. Es war ihm unbegreiflich, dass nicht einmal der Ukrainekrieg die Deutschen dazu brachte, »Glaubenssätze in der Energiepolitik« stärker zu überprüfen. Dabei hatte der die ohnehin schon umfangreichen Prämissen dieser Politik nach seinen Worten »aufgelöst«. Auf russisches Gas konnte keiner mehr setzen. Wir schrieben uns wenige Tage nach dem endgültigen Atomausstieg, der Mann wirkte resigniert. »Das Schreckliche ist«, schrieb er, dass sich »außer dem Kernenergievollausstieg« nicht viel geändert habe. Nur die Energie, mit der die Politiker demonstrierten, dass alles kein Problem sei und man nur auf Deutschlandgeschwindigkeit schalten müsse, die sei gestiegen.

Es geht hier um eine systemische Frage. Darum, ob es überhaupt jemals möglich ist, ein klimaneutrales Energiesystem zu bauen ohne Kraftwerke, die durchlaufen, auch wenn kein Wind weht und keine Sonne scheint. Theoretisch ist es natürlich möglich. Es gibt allerdings schon jetzt einen Indikator, an dem jeder ablesen kann, wie realistisch diese Annahme ist: den Strompreis. Er ist in der Energiepolitik das, was das Kontrastmittel bei Ärzten ist, wenn sie Patienten untersuchen. An ihm kann man ablesen, wie es mit der Energiewende läuft. Ist der Strompreis besonders hoch, läuft etwas schief, dann krankt das System.

Manche meinen, es gebe kein Problem. Zwei Jahre nach dem russischen Überfall auf die Ukraine kostet Strom für kleine und mittlere Industriebetriebe genauso viel wie davor. Der Schock des Krieges ist überwunden, die Preise sind gesunken. Aber man muss genau hinsehen.

In Wirklichkeit hat sich der Strompreis für kleine und mittlere Industriebetriebe fast verdoppelt. Dass die Firmen trotzdem so wenig dafür bezahlen, hat nur einen Grund: Die Bundesregierung hat die Kosten übernommen. Sie fördert Wind- und Sonnenkraft jetzt aus dem Klima- und Transformationsfonds, einem für den Klimaschutz geschaffenen Sondervermögen, statt wie früher über die Stromrechnung. Die Kosten für Strom sind also keinesfalls gesunken, sie sind nur verschoben worden. Und selbst das reicht nicht. Energieintensive Betriebe, die ohnehin von vielen Gebühren befreit sind, zahlten Ende 2023 noch immer weit mehr für ihren Strom als solche in China oder den Vereinigten Staaten. Das ist ein Problem, denn mit diesen Unternehmen müssen sie sich messen. Deutsche Autohersteller konkurrieren am Markt mit Tesla und aufstrebenden chinesischen Herstellern wie BYD oder Geely, seine Chemieriesen mit denen in Amerika und Fernost. Es kommt nicht nur darauf an, wer die besten Produkte herstellt. Es geht auch darum, wer die günstigsten anbietet.

Je mehr die Weltgemeinschaft für den Klimaschutz tut, desto wichtiger wird die Frage, was Energie kostet. An ihr entzündet sich der Wettbewerb um den besten Standort. Am Ende gewinnen die Staaten, die weitgehend klimaneutral sind und in denen die Energie zugleich möglichst preiswert ist. Dort siedeln sich Unternehmen an. Wenn Strom so teuer ist wie in Deutschland, dann ist das also gefährlich.

Wie aber kann es sein, dass er überhaupt so teuer ist? Hieß es nicht immer, dass Wind und Sonne keine Rechnung schicken? Eigentlich müsste der Strom doch günstiger werden, je mehr Windräder und Solardächer die Deutschen bauen. Und das ist er auch, wenn der Wind gerade kräftig weht. An manchen Tagen verschenkt Deutschland ihn sogar an andere Länder, so viel ist dann in den Netzen. Wenn das so ist, dann kann doch keiner ernsthaft erzählen, dass der Strom für die Deutschen immer unerschwinglicher wird, je mehr Windräder sie bauen. Das ist allerdings kein Widerspruch. Es ist genau das Problem eines erneuerbaren Stromsystems. An manchen Tagen weht so viel Wind, dass keiner weiß, wohin mit der Energie, an anderen weht so wenig Wind, dass sich alle fragen, wo sie welche herschaffen sollen.

Diese Schwankungen auszugleichen, macht die Sache aufwendig. Deutschland braucht immer Strom, zu jeder Sekunde. Selbst nachts laufen noch Autos vom Band. Früher war das relativ einfach zu bewerkstelligen. Wenn eine Region Energie brauchte, bauten Betreiber eben ein Kraftwerk und verlegten Strommasten. Das Kraftwerk lief rund um die Uhr. Der Strompreis hing dann davon ab, wie teuer die Kohle war, oder das Uran.

Wenn nur noch Windräder und Solardächer den Strom liefern sollen, wird es aber viel komplexer. Es geht schon mit dem Stromnetz los. Man muss dann ja nicht nur Strom von einem Kraftwerk in eine Stadt ein paar Kilometer weiter bringen, sondern über viel längere Strecken transportieren. Jeden Tag wird er durch das ganze Land geschickt. Irgendwo weht immer der Wind, das ist die Idee. Von dort muss der Strom dann in die Regionen, in denen gerade Flaute herrscht. Die Energie fließt ständig hin und her, von Sachsen nach Baden-Württemberg, von Bayern nach Hessen, von Niedersachsen nach Nordrhein-Westfalen. Damit das funktioniert, braucht man viel leistungsfähigere Stromnetze. Sie müssen ausgebaut werden, laut dem Netzentwicklungsplan für Hunderte Milliarden Euro. Das allein ist schon eine gewaltige Aufgabe.

Es geht damit weiter, dass man Speicher braucht. Vor allem im Winter gibt es manchmal tagelang keinen Wind und kaum Sonnenlicht. Solange Kohlekraftwerke noch nebenbei weiterlaufen, wie im Moment, sind ein paar Speicher hier und da kein Problem. Die Kraftwerke können ja zur Not aushelfen. Wenn sie aber abgeschaltet werden, dann müssen Speicher allein die viertgrößte Industrienation der Erde mit Strom versorgen. Schon an diesen Beispielen kann man erahnen, wie anspruchsvoll ein Stromsystem ist, das allein auf Erneuerbare setzt.

Damit geht es aber erst los. Deutschland muss dann nämlich auch unzählige Gaskraftwerke in Reserve halten. Sie sollen einspringen, wenn gerade nirgendwo oder in der falschen Gegend der Wind weht oder die Bürger besonders viel Strom verbrauchen, zum Beispiel, weil sie an einem kalten Wintertag alle nach Feierabend den Herd anschalten. Die Gaskraftwerke müssen jederzeit bereitstehen, selbst nachts, obwohl sie kaum zum Einsatz kommen. Es könnte ja sein, dass von einer Minute auf die andere der Wind einschläft, die Spannung im Netz abfällt und zur Stabilisierung zwanzig Turbinen hochfahren müssen, weil sonst der Strom ausfällt. Man muss sich das bildlich vorstellen. Deutschland braucht am Ende zahlreiche Großkraftwerke, die von morgens bis abends in Bereitschaft sind. Arbeiter sitzen bereit, alle Systeme sind verfügbar, die Lampen blinken. Die Turbine wird regelmäßig gewartet, die Halle gefegt, die Elektronik überprüft. Alles für den einen Moment am Tag, an dem die Turbinen kurz anspringen und das Netz stabilisieren.

Selbst damit ist es noch nicht getan. Die Gaskraftwerke sollen in Zukunft mit Wasserstoff laufen. Auch die Industrie soll damit arbeiten. Deutschland braucht dann große Mengen davon, so steht es in allen Studien zur Energiewende. Um die herzustellen, benötigt man mindestens so viel Strom, wie Deutschland momentan in einem Jahr verbraucht. Vielleicht stehen in der Sahara in zwanzig Jahren gigantische Sonnenkollektoren, und Deutschland bekommt seinen Wasserstoff. Die entscheidende Frage ist allerdings, wie viel er kostet. Nur wenn sie in der Sahara und im Nahen Osten Unmengen davon herstellen, rechnet sich die Sache. Überall müssen Solarkollektoren gebaut werden, Pipelines für das hochexplosive Gas und Schiffe für den Transport. Nur dann sinken die Preise, nur dann kann Deutschlands Industrie darauf setzen. Ansonsten verliert sie den Anschluss. Es ist eine riskante Wette auf die Zukunft.

Und es ist nicht die einzige. Wenn die Energiewende so umgesetzt wird, wie sie geplant ist, müssen Betreiber die Nachfrage nach Strom steuern. Haushalte brauchen dann einen intelligenten Stromzähler. Mit dessen Hilfe kann man den Trockner anschalten, wenn gerade die Sonne scheint, und wieder ausschalten, wenn Strom gerade knapp und teuer ist. Noch ist das eine freiwillige Sache. Niemand ist gezwungen, seine Haushaltsgeräte abzuschalten, weil Flaute herrscht. Doch das ändert sich gerade in einigen Bereichen, beim Laden von Elektroautos zum Beispiel. Auf der Website des Wirtschaftsministeriums steht das ganz offen. »Es weht nicht immer Wind und auch die Sonne scheint nicht immer«, heißt es dort. »Dennoch muss der Strom immer gleichmäßig fließen. Wenn nach Feierabend viele Elektroautos gleichzeitig laden, stoßen die Netze an ihre Grenzen. Die intelligenten Messsysteme ermöglichen, die Erzeugung und den Verbrauch aufeinander abzustimmen. Mit ihnen kann der Netzbetreiber sein Stromnetz besser auslasten.« Das bedeutet: Wenn abends alle gleichzeitig ihre Autos laden wollen, muss der Netzbetreiber die Ladekapazität drosseln. Das Energiewirtschaftsgesetz sieht diese Möglichkeit ausdrücklich vor. Sonst könnte der Strom ausfallen. Gegen diese Steuerung ist auch nichts einzuwenden, solange der Verbraucher keinen Nachteil hat. Zum Beispiel könnte die eine Hälfte der Autos in den ersten Stunden der Nacht laden, die andere dann in den frühen Morgenstunden. Oder alle Autos laden etwas langsamer als sonst, haben aber bei Sonnenaufgang einen vollen Akku. Nur ist all das aufwendig. Techniker müssen es überwachen. Sie müssen sicherstellen, dass immer nur dort der Strom abgeklemmt wird, wo es keinen Schaden anrichtet. Sie müssen sich eine Hierarchie überlegen.

Und was ist, wenn die Elektroautos erst der Anfang sind? Was ist, wenn die Betreiber in Zukunft gezwungen sind, noch stärker in den Stromverbrauch einzugreifen? Es wäre etwas völlig Neues. Das Land müsste sich dem Rhythmus der Natur anpassen.

Man könnte noch seitenlang weitere Herausforderungen aufzählen. Am Ende jedenfalls leben die Deutschen in einem Energiesystem, in dem Betreiber steuern, wer gerade wie viel Strom verbrauchen darf, in dem ständig Energie von einem Ort zu einem anderen geschoben wird, Strom in Gase umgewandelt wird und diese Gase Turbinen antreiben, die dann wieder Strom erzeugen. Es ist kompliziert.

Das ist der eigentliche Grund, warum es Jahr für Jahr teurer wird. Der Strompreis hängt eben nicht nur vom Windrad und den Solarpanelen auf dem Stoppelfeld ab, sondern von der gesamten Infrastruktur im Hintergrund, die nötig ist, damit im Land die Lichter brennen. Irgendwer muss die Kraftwerksbetreiber am Ende dafür bezahlen, dass sie gigantische Turbinen in Bereitschaft halten, obwohl sie kaum zum Einsatz kommen, irgendwer muss die Speicher bezahlen und die Stromnetze. Das alles kostet Unsummen. An windigen, sonnigen Tagen kann der Strom dann durchaus billig sein. Insgesamt aber kostet er mehr. Genau das erlebt Deutschland seit Jahren. Der Patient ist chronisch krank, das Kontrastmittel zeigt es an.

Wer sein System anders gestaltet, hat dieses Problem nicht. Frankreich braucht weniger Strommasten, es muss ja niemand den ganzen Tag lang Strom quer durchs Land schicken. Es braucht keine gewaltigen Speicher, die das Land tagelang versorgen müssen. Es braucht keine Gaskraftwerke, die immer in Bereitschaft sind. Die Kernkraftwerke im Land laufen zu jeder Zeit, egal, wie das Wetter ist. Das Ergebnis ist, dass der Strom in Frankreich schon jetzt günstiger ist als in Deutschland und fast sechsmal so wenig Treibhausgase verursacht. Dabei hat die französische Atomkraft Probleme. Viele Reaktoren sind veraltet, Arbeiter müssen sie reparieren. Es ist auch keineswegs so, dass Atomkraftwerke preiswert sind, ganz im Gegenteil. Schon alte Reaktoren zu ertüchtigen, kostet oft einige Milliarden, neue zu bauen, noch mehr. In einigen Fällen explodieren die Kosten, wie bei anderen Großprojekten auch. Frankreichs neuer Druckwasserreaktor Flamanville 3 zum Beispiel sollte ursprünglich rund dreieinhalb Milliarden Euro kosten. Mittlerweile ist es mehr als das Dreifache geworden. Und doch geht Frankreich davon aus, dass sich diese Investition lohnt.

Der französische Netzbetreiber RTE hat das einmal durchgerechnet. Er hat die Kosten eines erneuerbaren Stromsystems verglichen mit einem, das zur Hälfte Atomstrom enthält. Das Ergebnis war eindeutig. Das Energiesystem mit Reaktoren kostete im Jahr 17 Milliarden Euro weniger. Trotz anfallender Reparaturen, trotz des Atommülls, ja sogar trotz des Neubaus von insgesamt 14 großen Atomkraftwerken. Das war alles miteingerechnet. Selbst wenn die neuen Reaktoren alle so teuer werden würden wie Flamanville 3, rentierte es sich noch. Frankreich sparte sich dann nämlich rund 25 000 Kilometer Stromleitungen. Es sparte sich die Gaskraftwerke, die Speicher und vor allem den Wasserstoff. Sollte der künftig in großem

Stil hergestellt werden, wollten auch die Franzosen welchen einkaufen. Das Land war offen dafür. Es war aber nicht darauf angewiesen, so wie Deutschland. Es brauchte nicht darauf zu wetten. Die Studienautoren wiesen explizit daraufhin. »Anders als viele europäische Länder«, schrieben sie, »schließt Frankreich den massiven Import grüner Gase aus.« Es bestand auf seine Unabhängigkeit.

Nun kann man all das für wenig überraschend halten. RTE gehört mehrheitlich dem französischen Stromkonzern EDF, und der betreibt Kernkraftwerke. Da muss ja rauskommen, dass sich Atommeiler rechnen. Andernfalls könnte es Ärger geben mit den Mehrheitseignern. Die Autoren waren nicht unabhängig.

Aber es gibt noch mehr solche Studien. Vor Kurzem erschien eine im Journal *Nature Energy*, das zu den einflussreichsten in der Energiepolitik gehört. Die Forscher gingen der Frage nach, ob sich Atomkraftwerke im Energiemix lohnen. Sie rechneten das anhand verschiedener Länder durch, auch Deutschlands. Das Ergebnis war, dass es sich irgendwann überall rechnet. Ein Land muss nur weit genug gekommen sein beim Ausbau von Wind- und Sonnenkraft. Dann senken Atomkraftwerke die Systemkosten, auch wenn sie selbst teuer sind. Sogar dann, wenn sie zu den gegenwärtigen hohen Preisen gebaut werden. Das galt insbesondere für Deutschland, das wenig Wind und wenig Sonne hat und viel Strom benötigt. Dort rentierten sich Reaktoren ausdrücklich.

Ich sprach einmal mit dem Physiknobelpreisträger Steven Chu darüber. Er ist Professor für Physik an der Universität Stanford und war Energieminister unter Barack Obama. Während seiner Amtszeit setzte er sich für den Ausbau von Wind- und Sonnenkraft ein. Er ist ein Freund der Erneuerbaren. Ich wollte von Chu wissen, ob es nicht doch ohne Atomkraftwerke geht. Ob Deutschland nicht auch allein mit der Kraft von Wind und Sonne klimaneutral werden könnte und mit Gaskraftwerken, die gelegentlich einspringen. »Das ist eine enorme Herausforderung«, sagte er. Chu erinnerte an die Schwerindustrie, an die chemische und petrochemische Industrie, an Firmen wie BASF. »Die Gesellschaft muss begreifen, dass diese Industrien preisgünstigen Strom brauchen«, sagte er, »und zwar rund um die Uhr. Und wenn sie ihn nicht bekommen, dann werden sie erheblich beeinträchtigt. Das könnte zu einer Abwanderung der Schwerindustrie aus Deutschland führen, und das wäre für die deutsche Wirtschaft katastrophal. Wenn einzelne Leute also sagen, sie wollen dies nicht, sie wollen das nicht, sie wollen keine Atomkraft, sie wollen auch keine Kohle, sie können alles mit erneuerbaren Energien hinbekommen, dann betreiben diese Menschen offenkundig keine Halbleiterfabriken, keine Chemiefabriken oder Fertigungswerke.« Chu sprach sich sogar für den Neubau von Atommeilern aus. Er kritisierte die Haltung der Grünen. »Wenn diese Leute vernünftig wären, was viele nicht sind, dann würden sie die Atomenergie der Alternative vorziehen, nämlich Gaskraftwerken, deren Treibhausgase man abscheiden muss«, sagte er. »Wer Erdgas ohne diese Abscheidung will, der ist nicht wirklich am Klima und an Nachhaltigkeit interessiert. Das sind die Möglichkeiten.« Chu hielt es für riskant, auf den großflächigen Einsatz von Wasserstoff zu wetten, jedenfalls ohne eine Alternative zu haben. »Um Wasserstoff wettbewerbsfähig herzustellen, müssen Sie ihn zu einem Preis von einem Cent pro Kilowattstunde Strom produzieren können, maximal anderthalb Cent«, sagte er. Für ihn lief es auf eine einfache Frage an die Deutschen hinaus: »Wollen sie eine prosperierende Wirtschaft, wollen sie Arbeitsplätze und Wohlstand erhalten und gleichzeitig ihre Klimaziele erreichen, oder wollen sie nur ihre Klimaziele erreichen?«

Das muss nicht heißen, dass wir den gleichen Weg wie Frankreich einschlagen und hauptsächlich auf die Kernenergie setzen sollten. Sondern nur, dass alles immer aufwendiger wird, je komplizierter das System ist. Deutschland hat sich für das komplizierteste System entschieden, das es auf der Welt gibt. Man kann es schon daran erkennen, dass kaum ein Staat auf der Erde das Gleiche haben will. Niemand sonst setzt fast ausschließlich auf die Kraft von Wind und Sonne. Und wer es doch tut, hat ganz andere Voraussetzungen. Dänemark hat vor allem Ferienhäuser und kaum Schwerindustrie, es ist umgeben von Küsten, an denen der Wind fast immer weht. Norwegen hat majestätische Berghänge, an denen sich Pumpspeicherkraftwerke errichten lassen, es kann die Schwankungen der Erneuerbaren anders ausgleichen. Deutschland hat weder Berghänge noch Küsten im Überfluss, und es will in Zukunft auch nicht nur Ferienhäuser vermieten. Und doch ist es die einzige bedeutende Industrienation der Erde, die sich das Ziel gesetzt hat, allein mit Wind- und Sonnenkraft klimaneutral zu werden.

Nur geht selbst den wohlhabenden Deutschen irgendwann das Geld aus. Sogar ihre Firmen sind irgendwann bankrott. Manche sind der Meinung, dass dieser Punkt schon erreicht ist. Die Steuereinnahmen schwinden. Die Industrie fordert einen subventionierten Strompreis, weil Wettbewerber in China und Amerika sie abhängen. Der Ukrainekrieg hat Betriebe, die besonders viel Energie verbrauchen, in die Knie gezwungen. Seitdem ist ihre Produktion im Vergleich zur restlichen Industrie eingebrochen. Man sieht also: Schon jetzt gerät das Energiesystem an seine Grenzen.

Dabei ist das, was bisher passiert ist, noch eine Versuchsanordnung. Man hat ein paar Windräder aufgestellt und sich mithilfe von Studien versichert, dass alles möglich ist, wenn man nur will. Es ist, als hätte man ein Kind auf einer eingezäunten Spielwiese mit Bauklötzen spielen lassen. Und nun soll es mit Mörtel und Backsteinen ein Haus bauen.

Wem dieser Vergleich übertrieben vorkommt, der sollte sich fragen, warum selbst Linke die Berechnungen zur Energiewende kritisieren. Die Wirtschaftsjournalistin Ulrike Herrmann von der taz zum Beispiel. Die bisherigen Studien zum Thema hält sie für geschönt. Im Podcast mit dem Wirtschaftswissenschaftler Daniel Stelter sagte sie darüber einmal: »Einen derartigen

Unsinn habe ich in der Wissenschaft eigentlich noch nie gesehen.« Herrmann findet die Annahmen, die darin getroffen werden, unrealistisch. Auf den vorderen Seiten werde irgendetwas behauptet, und in den Fußnoten weiter hinten stehe alles ganz anders. Für Herrmann ist klar, was daraus folgt: Für Wachstum wird die Ökoenergie einfach nicht reichen, die Wirtschaft muss schrumpfen. Es wäre das Ende des Kapitalismus.

Natürlich können die Deutschen diesen Weg weitergehen. Sie können sich weiter durchs Unterholz schlagen, weiter Windräder in jedem Winkel des Landes aufstellen, Kohlekraftwerke wie geplant abschalten und darauf hoffen, dass alles gut wird. Die Widersprüche ihrer Energiepolitik könnten dann zunehmen, die Preise weiter steigen, die Unzufriedenheit ebenfalls. Und am Ende könnte ihre Wirtschaft schrumpfen, so wie von Herrmann vorausgesagt. Dann fallen sie von der Klippe.

Aber ist das nicht Schwarzmalerei? Schon immer gab es Leute, die den Erneuerbaren skeptisch gegenüberstanden, und meistens lagen sie daneben. Im Jahr 1993 schalteten Stromversorger in Deutschland eine Anzeige in Zeitungen, in der sie behaupteten, dass Wind- und Sonnenkraft langfristig nie mehr als vier Prozent unseres Stroms beisteuern können. Mittlerweile liefern sie mehr als die Hälfte. Nur dreißig Jahre später hat die Wirklichkeit die damaligen Konzerne nicht nur widerlegt, sie hat sie zum Gespött gemacht. Vielleicht sollten die Deutschen also einfach aufhören, Pessimismus zu verbreiten. Dann funktioniert es irgendwann auch mit der Energiewende.

Leider wird es nicht so einfach. Das hat mehrere Gründe. Zum einen ist es sehr schwer, ein System vollständig umzubauen. Das gerät oft in Vergessenheit, denn zu Beginn ist es noch leicht. Man baut ein paar Hundert Windräder und schaltet dafür ein Kohlekraftwerk ab. Ansonsten bleibt alles, wie es ist. Dass der Wind nicht immer weht, fällt zu diesem Zeitpunkt kaum ins Gewicht. Es gibt ja noch genügend andere Kraftwerke, die einspringen können, wenn Flaute herrscht. Man benötigt noch keine ausgebauten Netze, keine Gaskraftwerke, keine Speicher. Erst wenn die Erneuerbaren auch die letzten zwanzig Prozent der Stromversorgung liefern sollen, wird es spannend. Dann verändert sich das System von Grund auf, dann müssen die Netze selbst in Oberderdingen ausgebaut sein, und es wird wirklich teuer. Deutschland steht noch am Beginn dieser Herausforderung.

Zum anderen benötigen in Zukunft alle viel mehr Strom. Autos sollen damit fahren, Häuser damit heizen, die Industrie soll mit Wasserstoff arbeiten statt mit Erdgas. Das Deutsche Institut für Wirtschaftsforschung geht davon aus, dass ein klimaneutrales Deutschland am Ende doppelt so viel Strom verbraucht wie im Moment. Und deren Leute rechnen großzügig. Sie nehmen an, dass der Autoverkehr um ein Drittel sinkt und die Schwerindustrie Unmengen an Energie einspart. Kommt es an irgendeiner Stelle anders, könnte Deutschland noch mehr Strom brauchen.

Es ist, als würden die Deutschen einen Öltanker bei voller Fahrt umbauen in ein Segelschiff, das am Ende mindestens doppelt so groß sein soll. Es soll aber auf jeden Fall ohne die Stahlplatten gehen, die sich an Bord befinden, nur mit Holz. Trotzdem muss das Schiff am Ende mindestens so widerstandsfähig sein wie alle anderen, in denen weiter Stahl verbaut wird. Und natürlich soll es die Regatta durch den Atlantischen Ozean gewinnen. Das könnte funktionieren. Aber es wäre schon ein ziemliches Wunder.

Darauf muss es Deutschland nicht ankommen lassen. Es hat noch eine andere Wahl, es kann ein System bauen, in dem genug Energie vorhanden ist. Dafür braucht das Land klimaschonende Kraftwerke, die auch dann laufen, wenn Wind und Sonne schwächeln. Da ist es gut, dass die Menschheit diese Energieform schon erfunden hat und ausgerechnet die Deutschen sie in besonderem Maß beherrscht haben: die Atomkraft.

Sie kann die Schwankungen der Erneuerbaren ausgleichen, sie kann eine Energiewende herbeiführen, die diesen Namen wirklich verdient.

Wer das verstanden hat, der begreift auch, dass man die Risiken dieser Technologie völlig neu bewerten muss. Wenn es in Deutschland ohne Atomkraftwerke unmöglich ist, ein klimaneutrales Energiesystem zu bauen, ohne die Kosten ins Unermessliche zu treiben, dann muss man anders über den Störfall nachdenken. Es gibt ja dann keine brauchbare Alternative.

Die Rechnung geht nämlich wie folgt: Der Klimawandel hat eine Eintrittswahrscheinlichkeit von 100 Prozent. Ein katastrophaler Störfall, der zu einer bedeutenden Belastung des Sicherheitsbehälters geführt hätte, hatte im Kernkraftwerk Biblis eine Wahrscheinlichkeit zwischen 0,000001 und 0,00000001 Prozent. So rechnete es die Gesellschaft für Anlagen- und Reaktorsicherheit im Jahr 1989 einmal beispielhaft durch. Seitdem sind die deutschen Meiler eher noch sicherer geworden. Nicht einmal ein Tsunami wie in Fukushima hätte in diesen Kraftwerken eine Kernschmelze ausgelöst. Sie waren gegen Hochwasser geschützt, die einmal in zehntausend Jahren vorkommen. Ihre Notstromaggregate hätten selbst dann noch den Reaktor gekühlt. Nach Fukushima mussten europäische Atomkraftwerke außerdem mehrere Tests bestehen. Für die bayerischen Meiler kam heraus, dass nicht einmal der Absturz eines Großflugzeugs eine Kernschmelze hervorgerufen hätte. Wenn es um die Sicherheit seiner Atomkraftwerke geht, war Deutschland Vorreiter in Europa, vielleicht sogar auf der ganzen Welt. Ein Restrisiko bleibt. Aber wer erkennt, dass die Atomkraft dem Klimaschutz zum Durchbruch verhelfen kann, ohne dafür in die Armut abzusinken, der kann vielleicht lernen, damit zu leben.

Wenn Deutschland seine Atomkraftwerke wieder anschaltet, könnte es das Risiko einer Kernschmelze sogar verringern. Das hängt mit Deutschlands Nachbarn zusammen. Als die Bundesregierung nach Fukushima den Atomausstieg beschloss, da hoffte sie, dass es die europäischen Nachbarn ihr gleichtun. Es ging ihr nie nur um Deutschland allein. Auch andere Länder sollten erkennen, dass es ein historisches Missverständnis war, so lange auf die Kernkraft zu setzen, und das Zeitalter der Erneuerbaren einläuten. Nur dann hätte der Atomausstieg Sinn ergeben. Nach Fukushima ging es in der Debatte immer um den schlimmstmöglichen Unfall. Der ist für Deutschland genauso verheerend, wenn er in einem Kraftwerk ein paar Kilometer hinter der Grenze stattfindet. Deshalb sollten am besten alle Reaktoren in der Nähe weg. Diese Hoffnung hat sich nicht erfüllt, im Gegenteil. In ganz Europa bauen sie neue Kernkraftwerke, überall verlängern sie Laufzeiten.

Polen plant den Bau mehrerer großer Kernkraftwerke, außerdem will es Dutzende kleinere Reaktoren im Land bauen. Belgien hat die Laufzeit seiner beiden Meiler um zehn Jahre verlängert, die Niederlande wollen ihr einziges Atomkraftwerk ebenfalls länger betreiben und planen neue. Schweden setzt auf die Atomkraft, genauso wie Finnland und die Tschechische Republik. Frankreich tut es sowieso. Sogar im Land der Windrad-Pioniere, in Dänemark, diskutieren sie über einen Einstieg in die Kernenergie. Was auch immer Deutschland tut, die Atomkraftwerke an seiner Grenze werden bleiben, und es kommen neue hinzu. Nicht in all diesen Kraftwerken gelten ähnlich hohe Sicherheitsstandards, wie sie in Deutschland galten. Wenn Deutschland seine Reaktoren weiterlaufen lassen würde, sind vielleicht einige dieser Meiler überflüssig, und Europa wäre am Ende sogar sicherer.

Aber was ist mit dem Atommüll?, fragen die Gegner. Der strahlt noch immer Tausende von Jahren. Die Atomkraft mag klimaneutral sein, nachhaltig ist sie keineswegs. Diese Altlasten dürfen wir kommenden Generationen doch nicht hinterlassen, oder? Nun, wir dürfen kommenden Generationen erst recht keine Erde hinterlassen, auf der die Temperaturen drei oder vier Grad über dem bisherigen Durchschnitt liegen, die Pole abschmelzen und in Afrika Todeszonen entstehen, weil es so heiß ist, dass sich kein Mensch mehr dort aufhalten kann. Wir sollten Treibhausgase einsparen, wo es nur geht. Allerdings tun wir das Gegenteil, wenn wir klimaschonende Reaktoren abschalten. An Tagen, an denen kein Wind weht und keine Sonne scheint, springen dann nämlich Kohlekraftwerke ein.

Im Jahr 2022 steuerte die Kohle ein Drittel des Stroms bei, acht Prozent mehr als im Jahr davor. Das ist kein Wunder. Die Bundesregierung kauft weniger Erdgas aus Sibirien und schaltet Kernkraftwerke ab. Irgendwo muss der Strom herkommen an windstillen, bewölkten Wintertagen. Irgendein Kraftwerk muss einspringen, wenn die Deutschen abends im Winter ihre Fernseher und Eiscrusher einschalten. In Deutschland tun es eben Jahr für Jahr Kohlekraftwerke. Im Jahr 2023 war das zwar anders, da verfeuerte Deutschland viel weniger Kohle. Das war aber kein Durchbruch beim Klimaschutz, sondern lag vor allem daran, dass seine Industrieproduktion einbrach, wie selbst die Agora Energiewende hervorhob. Sollte sich die Wirtschaft erholen, wird das Land noch auf die Kohle angewiesen sein. Vielleicht sogar länger, als es die Politik anstrebt. Das ist keine Behauptung irgendeines Oppositionspolitikers, das sagt die Bundesnetzagentur. Ihr Wort hat besonderes Gewicht, denn sie muss dafür sorgen, dass Deutschlands Energieversorgung sicher ist. Und ausgerechnet sie untersagte es laut der *Welt* mehreren Kraftwerksbetreibern, ihre Kohleblöcke vor 2031 stillzulegen. Sie sollten auch weiterhin bereitstehen, um im Notfall einzuspringen, sonst könnte es eng werden. Für die Ampel ist das eine Niederlage. Sie will schon 2030 aus der Kohle aussteigen. Dabei hat gerade ihre Politik Deutschland in besonderem Maße davon abhängig gemacht, das ist die Ironie. Man kann es auch sarkastisch ausdrücken, wie der *Welt*-Autor Tobias Blanken es einmal auf Twitter tat: »Der deutsche Strom ist zwar teuer, dafür aber auch dreckig.«

Denn es gibt kaum etwas auf der Erde, das so viel zur Klimaerwärmung beiträgt wie die Verbrennung von Kohle. Allein die Kraftwerke, die Deutschland im Jahr 2022 wieder ans Netz holte, waren verantwortlich für 15 Millionen Tonnen Kohlendioxid. Der Physiker André Thess schätzt, dass die Abschaltung der verbliebenen drei Reaktoren genauso viel Treibhausgase zusätzlich verursachen wird. Umgekehrt heißt das: Wenn Deutschland seine zuletzt vom Netz genommenen sechs Reaktoren wieder hochfahren würde, könnte es fast 30 Millionen Tonnen Kohlendioxid im Jahr einsparen.

Man muss sich klarmachen, um was für Größenordnungen es hier geht. Meinem Kollegen Philipp Krohn ist es besonders wichtig, klimaschonend zu leben, er hat das in seinem Buch *Ökoliberal* beschrieben. Krohn hat Kinder, verzichtet aber auf ein eigenes Auto. Wohin er in Frankfurt auch fährt, er versucht, das Fahrrad zu nehmen, bei fast jedem Wetter, ob es nun regnet oder schneit. Wenn die Familie in den Urlaub fährt, dann mit dem Zug. Kürzlich hat er mal eine Ausnahme gemacht und ist in den Flieger gestiegen, es ging einfach nicht anders. Der Mann isst wenig Fleisch, er kauft Lebensmittel vom Markt. Es ist ein täglicher Kampf gegen die Bequemlichkeit.

So hat er es geschafft, seinen jährlichen CO_2-Fußabdruck auf unter vier Tonnen zu senken, rund die Hälfte dessen, was die Deutschen im Durchschnitt ausstoßen. Eine beachtliche Leistung.

Wollte man damit die Einsparungen von sechs Atomkraftwerken erreichen, dann müssten 7,5 Millionen Menschen Jahr für Jahr so leben wie er. Alle Bürger von Berlin, Hamburg, München und Nürnberg müssten nur noch Fahrrad fahren, auf Urlaubsreisen mit dem Flugzeug verzichten, kaum noch Fleisch essen und, so gut es geht, auf verpacktes Essen im Supermarkt verzichten. Alternativ könnte mein Kollege 7,5 Millionen Jahre lang entsagungsvoll leben, um so viel Treibhausgase einzusparen wie sechs Atomkraftwerke in einem Jahr, das ginge auch.

Die Klimabilanz ist nicht das einzige Problem der Kohlekraftwerke. Sie sind auch viel gesundheitsschädigender als Atommeiler, so paradox das klingen mag. Die Schadstoffe, die sie ausstoßen, sind krebserregend. Sie lösen Herz-Kreislauf-Erkrankungen aus, sogar chronische Erkrankungen des Nervensystems und Fehlbildungen bei Säuglingen. Ein bisschen was kommt immer in die Luft, egal, wie viel man rauszufiltern versucht. Jedes Jahr sterben allein in Deutschland Tausende Menschen an den Folgen dieser Luftverschmutzung.

Am Atommüll ist in Deutschland hingegen noch niemand gestorben. Es ist auch viel weniger, als man denken könnte. Regelmäßig reden Atomkraftgegner über die große Menge radioaktiven Abfalls, den das Land noch entsorgen muss. Doch in Wahrheit ist es unglaublich wenig, vor allem im Verhältnis zur Energie, die diese Kraftwerke liefern. Der gesamte Abfall aller amerikanischen Kernkraftwerke, die in der Geschichte des Landes Strom erzeugt haben, passt in das Wiener Ernst-Happel-Stadion. Darauf wies der Generaldirektor der Internationalen Atomenergiebehörde Rafael Grossi einmal in der *Frankfurter Allgemeinen Zeitung* hin. Nun hat dieses Stadion eine stattliche Größe. Aber Amerika hat eben auch mehr als neunzig Atomkraftwerke, von denen viele seit Jahrzehnten in Betrieb sind.

Verglichen mit den Gigatonnen an Treibhausgasen, die amerikanische Kohlekraftwerke in der gleichen Zeit in die Atmosphäre bliesen, ist das geradezu lächerlich. Hinzu kommt: Den Atommüll kann man an viele Orte bringen, auch unter Tage. Die Treibhausgase, die sich im Himmel verteilt haben, kriegt keiner mehr so schnell da raus.

Selbst wenn man die Toten der größten Atomunfälle in der Geschichte der Menschheit mit hinzurechnet, gehört die Kernkraft zu den sichersten Technologien der Erde. Die britische Umweltwissenschaftlerin Hannah Ritchie rechnete in der *Washington Post* einmal vor, dass Kohlekraftwerke allein in Deutschland mehr Menschen getötet haben als alle Unfälle in Atomkraftwerken auf der ganzen Welt zusammen. Trotz Tschernobyl, trotz Fukushima. So liegen die Dinge, wenn man nüchtern draufschaut. Das sind die Fakten. Ich sprach auch darüber mit dem amerikanischen Physiknobelpreisträger Steven Chu. Er war irritiert, dass kaum jemand in Deutschland diese Tatsachen beachtete. Vor allem aber tat es ihm leid. Er betrachtete sich als Freund der Deutschen und befürchtete, dass es sie einigen Wohlstand kosten könnte.

In Wahrheit ist die Abwägung bei der Atomkraft simpel. Die Deutschen müssen sich entscheiden, was ihnen wichtiger ist, genug klimafreundliche Energie oder nur Energie aus Wind und Sonne, die dann aber nicht für alle reichen und die Wirtschaft schrumpfen könnte. Sie müssen sich fragen, was sie schlimmer finden: ein Endlager oder eine ungebremste Erderwärmung.

Die Ampelregierung hat darauf eindeutige Antworten gegeben. Sie sollte sich dann nur nicht wundern, wenn die Bürger ihr den Klimaschutz kaum noch abnehmen oder wenn sie umschalten, sobald das nächste Mal jemand im Fernsehen von der Klimakrise redet.

Die Diskussion über die Kernkraft ist keine am Rande, die höchstens ein paar Feinschmecker interessieren sollte. Es ist keine Debatte über ein paar zerschlissene Kraftwerke, deren Zeit sowieso abgelaufen war. Das wollen Kernkraftgegner den Deutschen nur weismachen. In Wahrheit geht es um die zentrale Frage, wie eine klimaneutrale Energieversorgung in Zukunft aussehen kann. Es geht darum, wie wir das Klima retten und gleichzeitig unsere Prosperität erhalten können. Die Atomkraft ist dafür eine Schlüsseltechnologie. Ihr Zeitalter neigt sich nicht dem Ende zu, es hat gerade erst begonnen.

Die Bürger haben das, anders als ihre Politiker, begriffen. Seit dem Krieg ist die Mehrheit in Umfragen gegen den Atomausstieg. Und doch müssen sie sich sagen lassen, dass die gewandelte Stimmung im Land gegenüber der Kernenergie überhaupt keine Bedeutung hat, zum Beispiel vom Physiker Harald Lesch. Er ist gegen die Atomkraft und tat die Umfrageergebnisse im Fernsehen einmal mit den Worten ab: »Fragen Sie mal bei einem Flugzeug in Turbulenzen nach Atheisten.« Von diesem Vergleich stimmt nur der erste Teil. Die Menschen sitzen in einem Flugzeug mit Turbulenzen. Das Klima wird heißer, es muss etwas dagegen getan werden. Wer in dieser Lage allerdings anders über die Atomkraft nachdenkt als früher, der hofft keineswegs auf Gott, wie Lesch es suggeriert. Er legt seine Angst vor Fallschirmen ab.

Gut, könnte man jetzt sagen, Deutschland hat ein Problem. Die Bundesregierung schaltet moderne Kraftwerke ab, obwohl man sie im Kampf gegen den Klimawandel ganz besonders gebrauchen könnte. Aber zum Glück gibt es ja noch andere Länder mit Kernkraftwerken, und die können uns bei Bedarf mit Atomstrom beliefern, oder? Nicht ganz.

Deutschland versucht nämlich auch in Europa, diese Technologie zu behindern. Es kämpft mit allen Mitteln dagegen, sogar in den Nachbarländern. Im November 2021 ging es um die Frage, welche Technologien die EU als nachhaltig einstufen sollte. Das ist keine triviale Sache. Wenn die EU-Kommission etwas als nachhaltig einstuft, dann ist das ein Signal an Investoren: Hier könnt ihr euer Geld anlegen. Umgekehrt gilt das auch. Verweigert die EU-Kommission diese Einstufung, gilt eine Technologie also als schädlich, wird sich dafür kaum ein Investor finden. Schon allein, weil er um sein Image fürchten müsste. Und wer dann doch noch Geld in eine solche Technologie steckt, muss mehr Auflagen erfüllen, mehr Abgaben zahlen, alles wird kompliziert.

Für die Atomkraft war es deshalb von entscheidender Bedeutung, ob die EU-Kommission sie als nachhaltig einstufen würde. Davon hing alles ab, schon die Frage, ob es überhaupt jemals eine Renaissance der Kernkraft in Europa geben konnte. Frankreich kämpfte dafür. Aber auch für die Osteuropäer ging es um viel. Sie wollten die Nukleartechnik in ihren Ländern ja ausbauen, sie brauchten also Investoren. Deutschland war dagegen, und wie. Die damalige Bundesumweltministerin Svenja Schulze von der SPD sagte: »Wir wollen keine Atomenergie, wir halten sie nicht für nachhaltig, und wir wollen auch nicht, dass die EU das unterstützt.«

Trotz dieses Widerstandes konnte sich Frankreich mit seiner Linie durchsetzen. Die EU nahm die Atomkraft in die Liste der klimafreundlichen Energien auf. Die Geschichte hat noch eine Schlusspointe. Die EU nahm nämlich nicht nur die Atomkraft auf in ihre Liste der nachhaltigen Energien, sie nahm auch Gaskraftwerke darin auf. Deutschland wollte das so. Es war kurz vor dem Ukrainekrieg, und bekanntlich kaufte das Land damals gerne Erdgas von Wladimir Putin. Auf diesem Gas ruhte die ganze Energiewende. Es sollte die Gasturbinen antreiben, wenn es keinen Wind und keine Sonne gab. Diese Kraftwerke galten nun als grün, weil sie klimaschonender sind als Kohlekraftwerke. Sie verursachen aber viel mehr Treibhausgase als Atomkraftwerke, die gar keine ausstoßen. Die EU stufte also eine Technologie als nachhaltig ein, die klimaschädlich war, was Deutschland guthieß. Und eine, die das Klima schützte, was Deutschland vehement kritisierte.

Damit ging der Streit in der Europäischen Union erst los. In den Monaten danach ging es um die Frage, was in der Erneuerbaren-Energie-Richtlinie drinstehen soll. Die EU hat sich Ziele für den Ausbau von Windrädern und Solardächern gesetzt, die stehen in dieser Richtlinie drin. Sie sollten nun nachgeschärft werden. Deutschland und Frankreich stritten sich allerdings darüber, ob die Atomkraft dazugerechnet werden kann. Für Frankreich war die Antwort eindeutig, ja, für Deutschland ebenfalls, nein.

Auch in dieser Frage setzte sich Frankreich durch, es musste allerdings all sein politisches Gewicht einsetzen, um Deutschlands Widerstand zu überwinden. Erst nach Monaten gab es eine Einigung. Die EU-Kommission erkannte in einer Erklärung an, dass auch andere Kraftwerke neben Wind- und Sonnenkraft »dazu beitragen, die Klimaneutralität der Mitgliedsstaaten im Jahr 2050 zu erreichen«. Damit waren Atomkraftwerke gemeint. Sie waren jetzt also gesetzt in der EU. Der EU-Parlamentarier Michael Bloss, Mitglied der Grünen, nannte das einen »Skandal«.

Dabei importiert Deutschland selbst Atomstrom aus Frankreich, wenn es ihn braucht. Und neuerdings braucht es mehr davon als früher. Im Jahr 2023 hat Deutschland das erste Mal seit Langem wieder mehr Strom aus dem Ausland eingekauft als verkauft. Die Hälfte davon stammt laut der Agora Energiewende aus konventionellen Kraftwerken, also auch aus französischen oder schwedischen Reaktoren. Wirtschaftsminister Robert Habeck wies einmal daraufhin, dass Deutschland nur sehr wenig Atomstrom importiere. »Das ist alles homöopathisch«, sagte er. Aber es geht hier um einen grundsätzlichen Punkt. Warum bekämpft Deutschland Atomkraftwerke im Ausland, obwohl es doch von ihnen profitiert? Warum schadet es sich selbst?

Die Antwort darauf lautet: Bei der Energiewende ging es schon immer vor allem um den Atomausstieg, das ist die Hauptsache. Der Klimaschutz ist zweitrangig. Das klingt zunächst einmal absurd. Sind nicht die Anhänger der Energiewende gerade diejenigen, denen der Klimaschutz besonders wichtig ist? Sind es nicht Grüne, die den Begriff der Energiewende geprägt haben, und will deren Partei nicht mehr als alle anderen einen lebenswerten Planeten erhalten? Mag sein, und doch ist das kein Widerspruch.

Um das zu verstehen, muss man zurückblicken in die frühen Achtzigerjahre. Damals setzte sich der Begriff der Energiewende durch. Entscheidend dafür war eine Publikation des neu gegründeten Öko-Instituts, das heute eine der mächtigsten Umweltforschungsinstitute in Deutschland ist. Das Buch aus dem Jahr 1980 trug den Titel: »Energiewende. Wachstum und Wohlstand ohne Erdöl und Uran«. Die Autoren argumentierten, dass Deutschland sich ohne Kernkraft und Erdöl selbst versorgen könnte, und zwar vor allem mit Windrädern – und der Kohle.

Der Klimaschutz spielte damals noch keine Rolle, auch nicht beim Verzicht auf Erdöl. Die Autoren waren vielmehr besorgt, dass die Ölreserven irgendwann aufgebraucht sein würden. Das Wichtigste aber war ihnen der Atomausstieg. Seitenweise arbeiteten sie sich an der Kernkraft ab, die sie als gefährlich und teuer erachteten. Sie fanden es richtig, wenn Deutschland stattdessen auf die Kohle setzen würde. In einer Zusammenfassung des Öko-Instituts vom Jahr 1982 steht dazu der Satz:

»Die Bundesrepublik könnte sich bis zum Jahr 2030 in der Energieversorgung so gut wie völlig von Importen unabhängig machen und ihren Primärenergiebedarf etwa je zur Hälfte aus heimischer Kohle und sich erneuernden Energiequellen decken.« Darum also ging es bei der Energiewende. Sie war vor allem ein Antiatomkraftprojekt.

Und das ist sie all die Jahre geblieben. Noch im Jahr 2002, unter Bundesumweltminister Jürgen Trittin, trug eine Fachtagung zur Energiewende den Untertitel: »Atomausstieg und Klimaschutz«. Der Klimaschutz stand an zweiter Stelle. Hätte er im Zentrum gestanden, dann hätte der Untertitel anders lauten müssen: »Klimaschutz und Kohleausstieg«. Mit den damaligen Reaktoren und einem beherzten Ausbau von Wind- und Sonnenkraft wäre Deutschland heute viel weiter. Aber der Atomausstieg war eben wichtiger. Ihm hatte sich alles unterzuordnen. Auch das Klima.

Nicht einmal die Energiekrise im Jahr 2022 konnte daran etwas ändern. Mir war das damals unbegreiflich. Für mich war völlig klar, was die Bundesregierung tun musste. Sie musste alle noch verfügbaren Atomkraftwerke für Jahre zurück ans Netz holen. Das russische Gas brach weg, die Industrie ächzte unter der teuren Energie, und die Kohle konnte doch keiner ernsthaft wollen, schon gar nicht eine Partei wie die Grünen. Aber ich verstand eben nicht, wie eng sie der Antiatomkraftbewegung verflochten ist, ich hatte mich damit nie näher beschäftigt.

Ich lernte es durch eine E-Mail. Es war auf dem Höhepunkt der Energiekrise. Ich schrieb damals einen Kommentar in der *Frankfurter Allgemeinen Sonntagszeitung* und schlug vor, für die verbliebenen Kernkraftwerke Brennstäbe auf Vorrat anzuschaffen. Die konnte man einsetzen, sollte es eng werden, und falls sich die Situation entspannte, ließ man es eben bleiben. Tags darauf bekam ich eine Nachricht von einer Pressesprecherin des Bundesamtes für die Sicherheit der nuklearen Entsorgung.

Sie wies mich darauf hin, dass mein Vorschlag nur schwer umzusetzen sein dürfte, weil jedes Kraftwerk andere Brennstäbe brauche. Außerdem erklärte sie, wie viel strahlenden Atommüll Deutschland bereits hinterlassen hatte, nämlich 27 000 Kubikmeter, und wie herausfordernd es sei, ihn zu entsorgen. Für mehr Informationen könne ich mich gerne melden, gezeichnet »im Auftrag«.

Ich hatte davor noch nie mit dieser Behörde zu tun gehabt und sie mit keinem Wort erwähnt. Und warum mischte sich eine Behörde für Entsorgungsfragen ein, wenn es um neue Brennstäbe für Kraftwerke ging? Dafür war sie doch gar nicht zuständig. Trotzdem vergaß ich die Sache anschließend.

Einige Wochen später schrieb ich wieder einen Kommentar in der *Frankfurter Allgemeinen Sonntagszeitung*, es ging um die Renaissance der Kernkraft in Europa. Überall kündigten Deutschlands Nachbarn den Bau neuer Atomkraftwerke an oder verlängerten die Laufzeiten ihrer Reaktoren. Mir drängte sich die Frage auf, ob wir eigentlich das Richtige taten.

Wieder bekam ich eine Mail der Behörde, dieses Mal schrieb mir ein Sprecher.

Er verfolge mit großem Interesse auch meine Berichterstattung »zu atompolitischen Fragen, gestern etwa über eine vermeintliche Renaissance der Atomkraft«, schrieb er. Das Wort Renaissance setzte er in Anführungszeichen. Es sei gut, dass über die Kernkraft und ihren Abfall eine breite gesellschaftliche Debatte stattfinde – »vor allem dann, wenn sie von Fakten begleitet wird«. Galt das für meinen Text etwa nicht?

Es folgte eine lange Passage über Atommüll. Bis heute sei noch kein Standort dafür gefunden, schrieb der Sprecher. »Je später ein Endlager in Deutschland fertiggestellt wird, desto länger werden diese hochgefährlichen Stoffe in eine offene Zukunft geschoben.« Diese Frage stellten sich auch die Anrainergemeinden der 16 Zwischenlager, und, hier zitierte der Sprecher einen Satz meines Kommentars, »Was man dort von einer Einschätzung wie ›Niemand stirbt in der Zwischenzeit am Atommüll in provisorischen Lagern‹ hält, wäre sicher eine eigene Recherche wert«. Gezeichnet, im Auftrag.

Diese Mail war keine Richtigstellung. Sie war eine Belehrung. Ich wollte jetzt wissen, wer diese Behörde eigentlich leitet. Es war Wolfram König, ein Mitglied der Grünen, den Jürgen Trittin vor Jahrzehnten zum Präsidenten des Bundesamtes für Strahlenschutz gemacht hatte. Die *Frankfurter Allgemeine Zeitung* kritisierte das seinerzeit. König ist kein Strahlenphysiker, er ist Ingenieur für Architektur und Gartenbau.

Er war aber laut der *Frankfurter Allgemeinen Zeitung* ein überzeugter Kernkraftgegner. Das Bundesamt für Strahlenschutz galt einmal »als schwer einnehmbare Bastion« von Kernenergiebefürwortern, schrieb sie. Mit der Ernennung von König aber habe Trittin sie »neutralisiert«. Später übernahm König dann die Leitung des neu geschaffenen Bundesamtes für die Sicherheit der nuklearen Entsorgung.

Diese Bastion musste kein Kernkraftgegner mehr einnehmen. Sie gehörte von Anfang an ihnen. Kontrolliert wurde sie von einem Vertrauten Trittins, Wolfram König, und der ließ seinen Leuten entweder ziemlich viel durchgehen, oder er nutzte sie, um Journalisten zurechtweisen zu lassen. Gezeichnet, im Auftrag.

Da verstand ich, wie wichtig den Grünen der Kampf gegen die Kernkraft war. Sie sind aus ihm hervorgegangen. Die gleichen Menschen, die sich in den späten Siebzigerjahren beim Öko-Institut engagierten, waren wenig später bei der Gründung der grünen Partei dabei. Der Atomausstieg war ihr Hauptanliegen, alles andere waren für sie nachgeordnete Fragen. Sie hatten lange dafür gekämpft, hatten Barrikaden gebaut und sich von Polizisten niederknüppeln lassen. Und jetzt, wo sie die öffentlichen Institutionen erobert hatten, nutzen sie deren Macht, um ihn endgültig durchzusetzen. Es ging um ihren Wesenskern, also um alles.

Sie machten nicht einmal ein Geheimnis daraus. Die erste russische Offensive war gerade noch im Gange, und die Deutschen diskutierten, ihre Atomkraftwerke länger laufen zu lassen, da schrieb der langjährige Sprecher von Trittin, Michael

Schroeren, auf Twitter: »Ich habe fast 50 Jahre für den Ausstieg aus der Atomkraft gekämpft. Jetzt, kurz bevor die letzten vom Netz gehen, lass ich mir den Erfolg nicht klauen – weder von Putin noch von Markus Söder, Christian Lindner oder Friedrich Merz.«

Um das Klima ging es hier offensichtlich nur am Rande. Auf mich wirkte Schroeren wie ein Mann, der eine Flutwelle auf sein Haus zurollen sieht und zu seiner Frau sagt: Aber mein Lebenswerk!

Das ist der Grund, warum die Bundesregierung auch in europäischen Nachbarländern die Kernenergie bekämpft. Warum sie sich lieber selbst schadet, als Atomkraftwerke hinter seiner Grenze zu akzeptieren. Es sind die Folgen eines Geburtsfehlers.

Sie muss die Kernkraftwerke in Nachbarländern schon deshalb behindern, weil es schlecht aussieht, wenn sie von ihnen Strom bezieht. Denn das würde ja bedeuten, dass die Energiewende gescheitert ist. Jedenfalls so, wie sie ursprünglich einmal gedacht war. Sie sollte beweisen, dass es vollständig ohne Atomenergie geht, das war die Hauptsache. Nur wenn dieser Beweis erbracht wird, taugt sie als Vorbild. Wenn Deutschland an kalten Wintertagen selbst Atomstrom aus Frankreich braucht, wird er aber nicht erbracht.

Wer all das verstanden hat, der begreift auch, warum sich fast jede deutsche Studie zur Energiewende in besonderer Weise an Nachbarländern abarbeitet, die weiter auf die Kernenergie setzen. Das Deutsche Institut für Wirtschaftsforschung zum Beispiel veröffentlichte einmal ein Papier, wonach Deutschland sogar schon 2040 klimaneutral sein könne, allein mit der Kraft von Wind und Sonne. Die Kernenergie war den Autoren nur wenige Worte wert. Um die Pariser Klimaziele zu erreichen, sei es am besten, voll auf erneuerbare Energien zu setzen, hieß es lapidar, weil weder die CO_2-Abscheidung »noch Kernkraft ökonomisch und ökologisch tragfähige Lösungen sind«. Das war alles. Das war der einzige Satz zur potentesten klimaschonenden Energie, die es auf der Welt gibt. Die Atomenergie erwähnten die Autoren nur noch einmal am Rande, und diese Sätze hatten es in sich. Es ging um die Energiepolitik in der Europäischen Union. Die plane für die Stromnetze in Europa immer noch mit »erheblichen Mengen an Kernkraft«, hieß es. Die Autoren schlugen deshalb vor, die Infrastrukturplanung anzupassen. Das Stromsystem sollte ausschließlich für erneuerbare Energien gestaltet werden.

Das war eine politische Bombe. Die EU sollte Frankreich und alle anderen Länder mit Atomkraft fortan einfach nicht mehr berücksichtigen. Wen wundert es da, dass sich Frankreich mittlerweile offen gegen die deutsche Politik wehrt und sie als Einmischung in seine Angelegenheiten betrachtet? Im August 2023 sagte Präsident Macron an das Nachbarland gerichtet: »Es wäre ein historischer Fehler, uns die Kernenergie vorzuenthalten oder die Investitionen in Europa zu verlangsamen.« Darüber müsse »mit unseren deutschen Freunden« noch gesprochen werden. Für französische Verhältnisse war das deutlich. Wenn Macron und seine Minister über Deutschland reden, dann meistens mit Respekt. Schon eine eher neutrale Aussage wirkt da wie eine verklausulierte Kritik.

Selbstverständlich hat Deutschland das Recht, die Atomkraft abzulehnen. Jedes Land bestimmt selbst, welche Kraftwerke es haben will. Das gilt allerdings auch umgekehrt. Es ist das gute Recht unserer Nachbarn, weiter auf die Kernenergie zu setzen. Wenn Deutschland versucht, ihnen einen anderen Weg aufzuzwingen, macht es sich unbeliebt. Es setzt die deutsch-französische Freundschaft aufs Spiel und gefährdet auf lange Sicht sogar die europäische Zusammenarbeit. Und all das nur, weil die Energiewende von Anfang an gegen die Kernkraft gerichtet war. Es hat etwas Tragisches.

Aber haben die Kritiker der Kernkraft nicht doch einen Punkt? Sie kritisieren diese Technologie ja nicht zum Spaß, und auch keineswegs nur wegen des Abfalls, die sie hinterlässt. Sie haben nach einem alternativen Energiesystem gesucht, weil Atomkraftwerke riskant sind. Und das war lange vor Fukushima klar.

Es gab den Reaktorunfall in Harrisburg 1979. Es gab Störfälle in französischen und deutschen Kraftwerken. Vor allem aber gab es die Katastrophe in Tschernobyl im Jahr 1986. Noch immer ist die Sperrzone um das Kraftwerk radioaktiv verseucht. Die Strahlung gelangte damals sogar bis nach Deutschland. Verunreinigter Regen kontaminierte Pilze im Wald, man diskutierte darüber, Spielplätze abzusperren. Manche Bürger trauten sich nicht mehr nach draußen, sobald Wolken aufzogen.

Ein Jahr danach erschien *Die Wolke*, ein Roman von Gudrun Pausewang. Er handelt von den Folgen eines Reaktorunfalls, den Pausewang in grässlichsten Szenen schildert. Die Protagonistin schleppt sich mit der Strahlenkrankheit von Ortschaft zu Ortschaft, sie kämpft mit der immer wieder in ihr aufsteigenden Übelkeit.

Ihre Eltern sind tot, Tausende sterben an der Katastrophe, und eine radioaktive Wolke zieht über das Land. Überall könnte verseuchter Regen fallen, niemand ist sicher. Der Bruder wird in der Massenpanik von einem Auto überfahren, sein »Kopf, von der Kapuze umhüllt, lag seltsam flach in einer Blutlache, die sich zusehends vergrößerte«. Der Fahrer des Wagens fährt anschließend einfach weiter. Die vermeintlich friedliche Kernenergie hatte das zivilisierte Miteinander zerstört.

Pausewang wollte die Deutschen aufrütteln. Sie wollte sie vor den Gefahren der Atomkraft warnen und sie zur Umkehr bewegen. Und hatte das nicht seine Berechtigung, nach allem, was in Tschernobyl passiert war?

Nein. Denn die Angst, die Pausewang schürte, war übertrieben. Ein Unfall wie in Tschernobyl wäre in Deutschland äußerst unwahrscheinlich gewesen. Das Atomkraftwerk in Tschernobyl war ein sogenannter grafitmoderierter Reaktor, das Grafit bremste also die Neutronen ab zu thermischer Energie und steuerte die Kernspaltung. Das war eine Besonderheit sowjetischer Reaktoren. Und so, wie die sowjetischen Ingenieure sie konstruiert hatten, barg es enorme Risiken. Kommt es zu einem Störfall, steigt die Leistung immer weiter an. Gerät die Kettenreaktion dann außer Kontrolle, kann das Kraftwerk explodieren und das Grafit in Brand geraten. Genau das geschah in Tschernobyl. Das Grafit brannte mehrere Tage und verbreitete die radioaktiven Partikel in der Luft, noch dazu in großer Höhe. So konnten sie bis nach Mitteleuropa gelangen. Alle deutschen Atomkraftwerke waren anders konstruiert. Bei ihnen stieg die Leistung nicht an, wenn es zu einem Störfall kam. Sie verringerte sich durch die Bildung von Dampfblasen im Kühlmittel. Die Bauweise des sowjetischen Reaktors war außerdem nicht der einzige Grund für den Unfall. Hinzu kamen schwerwiegende und bewusste Verstöße gegen die Sicherheitsvorschriften. Der leitende Ingenieur sollte einen Sicherheitstest im laufenden Betrieb durchführen, der Schichtleiter weigerte sich, mitzumachen. Daraufhin drohte man dem Mann mit der Entlassung. Die Mannschaft ging also sehenden Auges in die Katastrophe.

Obendrein hatte der Reaktor einen Konstruktionsfehler, der ausgerechnet bei der manuellen Notabschaltung voll zum Tragen kam. Der Reaktorkern wurde mit Steuerstäben reguliert. Um ihn herunterzufahren, mussten die Stäbe in den Kern hineingefahren werden. Allerdings besaßen sie eine Spitze aus Grafit. Als die Mannschaft den Reaktor abschalten wollte und die Steuerstäbe einfuhr, da steigerte dieses Grafit seine Leistung für einen kurzen Moment. Dieser Moment reichte aus, um den Reaktorkern prompt überkritisch werden zu lassen. Er barst und ließ sich nicht mehr regeln. Nun nahm das Desaster seinen Lauf.

All das kam in Tschernobyl zusammen. Trotzdem spekulierte Pausewang über eine noch viel schrecklichere Nuklearkatastrophe in Deutschland. Wie überzogen schon ihr Anliegen war, kann man am Vorwort erkennen. Da forderte sie die Deutschen zum Widerstand gegen die »Atommafia« auf.

Pausewang schrieb nicht nur diesen Roman, sie schrieb mehrere Antiatomkraftbücher. Begleitet wurde diese Breitseite atomkritischer Romane von ähnlich drastischen Sachbüchern.

Robert Jungk entwickelte in seinem Buch *Der Atomstaat* Ende der Siebzigerjahre die These, dass ein Staat, der Atommeiler betreibt, in eine Diktatur münden muss. Erst bewachen Soldaten die Reaktoren, dann die Bürger. Auch dieses Buch war ein Bestseller, auch dieses Buch prägte die Debatten am Abendbrottisch. Das ist der gedankliche Kern der Antiatomkraftbewegung. Er ist hysterisch und fortschrittsfeindlich, bei aller berechtigten Sorge vor einem allzu leichtfertigen Umgang mit der Kernspaltung.

Das wirft eine Frage auf: Wie konnte sich diese Haltung in Deutschland durchsetzen? Immerhin gab es doch nicht nur Kernkraftgegner im Land, und auch nicht nur die grüne Partei.

Hier kommt die CDU ins Spiel. In dem Moment, indem eine unionsgeführte Bundesregierung nach dem Reaktorunglück in Fukushima wie gehetzt Atomkraftwerke abschaltete, sandte sie ein Signal aus: Die Kernkraftgegner hatten recht. Mit allem, was sie gesagt, geschrieben und behauptet haben. Jedes ihrer Schreckensbilder war zutreffend. Es war ein politischer Dammbruch. Und der hatte weitreichende Folgen.

Indem die Union den Atomausstieg adelte, adelte sie auch die Energiewende. Damit wirkten selbst unrealistische Prognosen über den Umbau des Energiesystems plötzlich seriös. Die Ideen der Umweltschützer waren jetzt Mainstream geworden, die CDU war ja nun selbst dafür. Niemand musste mehr die Frage stellen, *ob* die Energiewende funktionieren kann, und auch nicht, zu welchem Preis. Es musste nur noch die Frage beantwortet werden, *wie* sie funktionieren kann. Das ist der Grund, warum heute viele Studien so seltsam wirken. Der Tonfall ist optimistisch. Wir können es schaffen, ist die Botschaft, wir müssen dafür nur die Wind- und Sonnenkraft massiv ausbauen, die Netze, die Speicher und so weiter. Es klingt alles machbar. Bis man sich das Kleingedruckte anschaut. Dann erst begreift man, wie gewagt viele Annahmen sind. Hinter unscheinbaren Zahlen stecken grundstürzende Veränderungen. Mal soll der gesamte Autoverkehr binnen weniger Jahre um ein Drittel zurückgehen. Mal sollen für neun Jahre lang jeden Tag mindestens 40 Fußballfelder Solardächer gebaut werden. Mal soll die Industrie ihren Energiehunger so schnell herunterfahren, dass nicht ersichtlich ist, wie das ohne wirtschaftliche Schrumpfung gehen kann. Oft alles zusammen. Das ist die Folge von Angela Merkels Entscheidung, auf den Kurs der Grünen umzuschwenken.

Es fehlte jetzt das Korrektiv in der Energiepolitik. Und weil das so war, konnten Politiker nun sogar ungestraft Falschinformationen über die Kernkraft verbreiten. Sie taten es zur besten Sendezeit, auch dann noch, als alles längst entschieden war.

Einen Tag nachdem die Bundesregierung die letzten drei Meiler vom Netz nahm, diskutierten Politiker bei *Anne Will* über den Atomausstieg. Für die Grünen nahm Katrin Göring-Eckardt teil, Vizepräsidentin des Deutschen Bundestages. Göring-Eckardt hätte sich zurücklehnen und den anderen mit breitestem Lächeln beim Streiten zuschauen können. Ihre Partei hatte gerade etwas erreicht, auf das sie Jahrzehnte hingearbeitet hatte. Sie war am Ziel angekommen. Es wäre ein Moment gewesen, um innezuhalten.

Stattdessen griff Göring-Eckardt weiter an. Im Verlauf der Sendung sprach sie über Frankreich, um zu belegen, dass die Kernkraft keine Zukunft hat. »Was ist im letzten Jahr passiert?«, fragte Göring-Eckardt in die Runde. Die französischen Atomkraftwerke »haben im Wesentlichen stillgestanden, und warum? Weil die Klimakrise dazu geführt hat, dass überhaupt kein Kühlwasser mehr da war. Mir ist das zu unsicher.«

Diese Behauptung ist irreführend, und sie hat eine Vorgeschichte. Schon Monate bevor Göring-Eckardt sie aufstellte, sagte der Grünen-Vorsitzende Omid Nouripour etwas ganz Ähnliches, im Sommerinterview der ARD, abermals zur besten Sendezeit. Das Recherchekollektiv Correctiv überprüfte das, es fragte dazu beim französischen Energiekonzern EDF nach. Tatsächlich standen von den 56 Reaktoren im Land damals 32 still. Der Großteil allerdings, weil Arbeiter sie turnusgemäß warten mussten oder reparierten. Nur fünf Kraftwerke hatten ein Problem, weil die Temperaturen der Flüsse zu hoch waren, in die sie ihr Kühlwasser einleiteten. Frankreich schaltete die Meiler aber keineswegs ab, sondern drosselte ihre Leistung für wenige Stunden. Mit Kühlerwassermangel hatte das nichts zu tun. Es ging darum, die Fische zu schützen. Die sind gefährdet, wenn die Temperaturen in den Flüssen zu sehr ansteigen. EDF schätzte, dass Probleme mit dem Kühlwasser seit der Jahrtausendwende die Leistung der Kraftwerke jedes Jahr um 0,3 Prozent beeinträchtigt haben. Mag sein, dass der Stromkonzern das Problem unterschätzte. Aber das ist die Größenordnung. Man musste nur ein bisschen genauer hinschauen, schon blieb von Nouripours Behauptung nichts übrig.

Es schaute aber kaum jemand hin. Monate später konnte Katrin Göring-Eckardt ihre Irreführung in der ARD wiederholen, und keiner widersprach ihr. Die Diskussion ging einfach weiter. Die Zuschauer mussten den Eindruck haben, dass ihre Aussage stimmte. Blöde Sache, das mit dem Kühlwasser in Frankreich. Atomkraftwerke in der Klimakrise sind vielleicht keine so gute Idee. Wie gut, dass wir die abgeschaltet haben. Reden wir also lieber über die Erneuerbaren und wie wir die zügig ausbauen können. Auch die Kritik nach der Sendung hielt sich in Grenzen.

Man stelle sich nur einmal den umgekehrten Fall vor. Man stelle sich vor, der Parteivorsitzende der CDU Friedrich Merz würde im Fernsehen sagen, dass Windräder im Hochsommer stillstehen, weil ihre Generatoren überhitzen, obwohl es falsch ist. Kommentatoren würden ihm Populismus vorwerfen. Natürlich zu Recht. Eine aufgeklärte Gesellschaft muss Wissenschaftsfeinde in die Schranken weisen. Warum tat es dann keiner, wenn die Grünen Falschinformationen über die Atomkraft verbreiteten?

Einen Hinweis findet man in der Berichterstattung vieler Medien selbst, zum Beispiel über die Reaktorkatastrophe in Fukushima 2011. Der Tsunami, der auf die japanische Küste traf, tötete Zehntausende. Die anschließende Kernschmelze im Atomkraftwerk Fukushima Daiichi tötete nach Ansicht des wissenschaftlichen Ausschusses der Vereinten Nationen zur Untersuchung der Auswirkungen atomarer Strahlung bislang keinen einzigen Menschen. Der Ausschuss legte seinen neuesten Bericht zu dem atomaren Unfall 2020 vor. Er wertete dafür alle verfügbaren Daten aus. Die Fachleute der UN aktualisierten auch ihre Einschätzung zu den Langzeitfolgen des Unfalls. Sie hielten es nun für äußerst unwahrscheinlich, dass die freigesetzte radioaktive Strahlung die Krebsrate in der Bevölkerung erhöht hat. Dafür war die Strahlenbelastung an allen Orten zu weit unter dem Grenzwert geblieben. Manche Leute bezweifeln das.

Wie auch immer man dazu steht: Entscheidend ist, dass nur ein Bruchteil der Opfer zu beklagen war, die durch die Naturkatastrophe ums Leben gekommen waren. Trotzdem werfen Medien diese Zahlen seit Jahren zusammen. Sie erwecken den Eindruck, dass die Reaktorkatastrophe Zehntausende tötete. Der Medienjournalist Stefan Niggemeier hat einmal zusammengetragen, wer diesen Fehler schon alles gemacht hat, und die Liste ist lang. Noch im Januar 2022 zum Beispiel hieß es bei *tagesschau.de* über Fukushima: »Es war das schlimmste Atomunglück seit der Tschernobyl-Katastrophe von 1986, etwa 18 500 Menschen kamen ums Leben.« Das kritisierten Nutzer bei Twitter. Anschließend korrigierte die *Tagesschau* den Satz kommentarlos auf ihrer Website.

Mag sein, dass einige dieser Fehler in der Hektik des Tagesgeschäfts geschehen sind, ohne jeden Hintergedanken. Offenkundig aber gibt es in den Medien eine höhere Fehlertoleranz, wenn es um die Atomkraft geht. Das hat nichts mit sinstren Interessen von Atomkraftgegnern zu tun, die ihren Mitarbeitern in abgedunkelten Redaktionsräumen befehlen, den Atomausstieg gutzuheißen. Es gibt keine Verschwörung.

Wohl aber ist es so, dass Redaktionen ein bestimmtes Milieu widerspiegeln, das eher großstädtisch und progressiv ist. In diesem Milieu ist der Atomausstieg unbestritten. Er ist gesetzt. Wenn sowieso alle der Meinung sind, dass die Kernkraft der Vergangenheit angehört, dann fallen ihnen Ungenauigkeiten nicht auf. Die Sache ist doch längst entschieden, sie ist durch. Ob nun Fukushima oder Tschernobyl, es gab genügend Reaktorunfälle in der Geschichte der Menschheit. Atomkraftwerke sind gefährlich, das ist die Hauptsache. Man hat sie abgeschaltet, Deutschland hat sich vor Jahren dazu entschieden. In einer solchen Stimmung können Falschinformationen gedeihen. Es widerspricht niemand. Und genauer hinsehen will auch keiner.

Kann so jemals eine Kehrtwende gelingen? Kann es Deutschland in dieser Ausgangslage schaffen, eine zukunftsfähige Energiepolitik zu entwickeln, die auch die Atomkraft einschließt? Es wird schwer. Die maßgeblichen Parteien stecken allesamt in Fallen, die sie selbst aufgestellt haben.

Man nehme nur die Union. Sie hat sich in ihrem Grundsatzprogramm im Dezember 2023 zur Atomenergie bekannt. Aber ein Konservativer, der etwas zurückfordert, befindet sich in einer unangenehmen Position. Normalerweise verteidigt er eine Stellung, bis er sie irgendwann aufgeben muss. Wenn sie aber erst einmal endgültig geräumt ist, dann ist sie auch verloren. Ein Konservativer ist kein Eroberer, das passt nicht zu ihm. So jemand gilt schnell als Reaktionär, als einer, der eine Vergangenheit zurückholen will, die aus guten Gründen vorbei ist. Hier verläuft eine feine Linie.

Als die Union nun sagte, wir brauchen die Kernenergie zurück, da machte sie sich anfällig für diesen Vorwurf. Und genau der wurde erhoben. Seht her, sagten ihre politischen Gegner, das ist aus dieser Partei geworden. Auf die Herausforderungen der Gegenwart antwortet sie mit Rezepten der Vergangenheit.

Noch dazu hat die Union mit ihrem Kurswechsel zugegeben, dass sie einen Fehler gemacht hat. Es war ein Bruch mit Merkels Erbe. Das war zweifellos mutig. Aber es führte zu Streit in der Partei. Viele Mitglieder kämpfen immer noch dafür, Merkels Erbe zu bewahren, besonders seit Merz den Vorsitz gewinnen konnte. Sie haben kein Interesse daran, die Partei noch weiter von der einstigen Bundeskanzlerin wegzurücken, auch nicht in dieser Sache. Deshalb sollte man keine zu großen Hoffnungen in die Union setzen.

Bleiben noch die Grünen. Irgendwann könnten sie selbst zu dem Schluss kommen, dass der Atomausstieg ein Fehler war und der Klimaschutz die Gleichung geändert hat. Auch das ist eine Herausforderung. Nichts hat die Identität der Partei so sehr geprägt wie der Kampf gegen die Kernkraft. Und doch begehren manche Mitglieder jetzt dagegen auf.

Der Grüne Ralf Fücks war lange ein Gegner der Atomkraft, wie viele seiner Parteikollegen. Im Juli 2023 aber stellte er eine Grafik der Sendung *Quarks* auf Twitter. Abgebildet waren Länder in drei Kategorien. Die einen wollten aus der Atomkraft aussteigen, die anderen wollten ihre Kraftwerke weiter betreiben, die dritten sie sogar ausbauen. Jemand hatte die Grafik nun nachträglich bearbeitet und überall rote Pfeile hingemalt. Sie zeigten an, dass fast alle Länder ihre Position geändert hatten. Aus Staaten, die aussteigen wollten, waren welche geworden, die ihre Reaktoren doch behielten. Aus Ländern, die ihre Meiler behalten wollten, waren welche geworden, die noch davon mehr bauten. Nur Deutschland blieb als einziges Land bei dem Ausstieg. Dazu schrieb Fücks die Worte: »Deutschland allein zuhaus. Aber vermutlich sind wir schlauer als der Rest der Welt.«

Er bekam so viele Antworten, vor allem wütende, dass er seinen Tweet ergänzte. »Liebe Leute«, schrieb er, »ich war über Jahrzehnte ein (ziemlich aktiver) AKW-Gegner. Jetzt wird es Zeit, ein paar Fakten zur Kenntnis zu nehmen. Kein anderes Land hat mitten in der Klima- und Energiekrise seine AKWs vorzeitig stillgelegt. Der Trend geht Richtung Laufzeitverlängerung.«

Fücks wies darauf hin, dass viele Staaten Erneuerbare und Kernenergie mittlerweile komplementär einsetzten. Er schloss mit den Worten: »Es gibt nach wie vor gute Gründe, sich gegen

Atomkraft zu entscheiden. Aber auch dieser Weg ist mit hohen Kosten und Risiken verbunden. Statt alte Gewissheiten herunterzubeten, sollten wir die Dinge neu bewerten. Der Kopf ist rund, damit das Denken die Richtung wechseln kann.«

Vielleicht hängt am Ende sogar alles von den Grünen ab. Wenn sie ihre Haltung ändern, könnte Bewegung entstehen bei der Kernenergie.

Es ist wie in den Siebzigerjahren mit China. Nur der amerikanische Präsident und Republikaner Richard Nixon konnte Mao Zedong die Hand schütteln und die Beziehungen zum Land normalisieren. Er war unverdächtig, dem Kommunismus zu huldigen. Ein Linker dagegen hätte mit enormen Widerständen rechnen müssen.

Bei der Atomkraft ist es genauso: Nur die Grünen können den Kurswechsel einläuten. Nur sie können überzeugend dafür werben. Wenn ein Grüner sagt, wir brauchen Kernkraftwerke für den Klimaschutz, dann nehmen ihm die Leute das ab.

Wenn ein Konservativer sagt, wir brauchen Kernkraftwerke für den Klimaschutz, dann glauben es dagegen nur wenige. Der ist ja nur gegen Windräder, heißt es dann. Der will doch nur günstigen Strom. Aber Klimaschutz? Mitnichten.

Dabei ist die Kernkraft zu beidem in der Lage, das ist es ja gerade. Sie kann das Klima schützen und die Industrie retten. Ausgerechnet die Atomkraft könnte Grüne und Konservative versöhnen. Sie kann ein Stromsystem entlasten, das zu einseitig auf die Kraft von Wind und Sonne setzt, sie kann es überhaupt erst ermöglichen. Die Atomkraft könnte der Steigbügelhalter für die Erneuerbaren sein. Sie könnte ihnen zu dem Durchbruch verhelfen, den sie verdient haben.

In Finnland haben die Grünen das verstanden. Sie bekennen sich zu Kernkraft, um ihre Klimaziele zu erreichen. Die Grünen in Deutschland sollten sich ihre Argumente anhören. Zumindest, wenn sie nicht nur Naturschützer, sondern auch Klimaschützer sein wollen.

Siebtes Kapitel

SCHLUCKIMPFUNG IST SÜSS

Was Impf- und Fracking-Gegner gemeinsam haben

Es könnte auch ohne die Atomkraft gehen. Und zwar mit Erdgas. Der Bundeskanzler müsste sich dafür weder bei Putin entschuldigen und die Nordstream-Pipeline wieder in Betrieb nehmen, noch müsste er katarischen Scheichs die Hände schütteln. Er müsste sich nur trauen, das Gas rauszuholen, das in Deutschland unter der Erde liegt. Dort lagern ungefähr 1300 Milliarden Kubikmeter. Das ist eine Menge. Deutschland könnte sich damit 14 Jahre lang komplett selbst versorgen. Es müsste kein Gas mehr einkaufen, weder aus Norwegen noch aus Russland. Es könnte seine gesamte Industrie damit beliefern und die Reservekraftwerke, die bei Flaute und Dunkelheit einspringen sollen. Deutschland könnte sogar problemlos im Jahr 2030 aus der Kohle aussteigen, wie es die Grünen anstreben. Oder es könnte jahrzehntelang ein bisschen davon rausholen und die Preise drücken. So weit die guten Nachrichten.

Es gibt allerdings auch eine schlechte. Es handelt sich um Schiefergas, und um daran zu kommen, muss man tief in die Erde bohren und Gesteinsschichten aufbrechen. Man muss fracken. Viele Bürger haben eine Ahnung davon, dass Fracking gefährlich ist, sie kennen Bilder von brennenden Wasserhähnen in Amerika und von Seen aus giftigen Chemikalien. Beim

Fracking kann Methan entweichen, ein besonders klimaschädliches Gas. Schlimmstenfalls kann es das Grundwasser verseuchen und Erdbeben auslösen. Deswegen hat die Bundesregierung es 2016 verboten. Zugleich berief sie eine Expertenkommission ein, die in Ruhe prüfen sollte, wie gefährlich das Fracking ist. Sie war mit lauter Umweltschützern besetzt, vom Umweltbundesamt, vom Helmholtz-Zentrum für Umweltforschung. Vielleicht dachten die Politiker, dass man so schon herausfinden würde, wie riskant die Sache ist.

Das Gegenteil geschah. Die Kommission hielt Fracking für unbedenklich. Das Risiko, dass Grundwasser verseucht werden könnte, stufte sie als »gering« ein. Das Risiko eines Erdbebens hielt sie für »äußerst gering«. Die Umweltschützer gingen davon aus, dass höchstens zwei bis vier Prozent Methan entweichen würde. Das ist wenig, irgendetwas entweicht immer, ob nun auf Gasfeldern in Russland oder Tankern im Atlantik. Insgesamt ließen sich die Risiken von Fracking »minimieren«, so lautete das Fazit der Kommission. Die Kommissionsmitglieder waren auch keine Zocker. Der Naturschutz war ihnen heilig. »Wir sind im Zweifel immer auf der vorsichtigen Seite«, sagte der stellvertretende Vorsitzende der Kommission Holger Weiß vom Helmholtz-Zentrum für Umweltforschung mir und einem Kollegen einmal, »mit Hosenträger und Gürtel.« Aber selbst er musste anerkennen, dass die beim Fracking verwendeten Flüssigkeiten maximal Gefährdungsklasse 1 haben. Das ist kein Gift. »Das ist Spüli«, sagte er. »Heutzutage kann man Fracking mit einem vertretbaren Restrisiko machen.«

Das war wenige Monate nach dem russischen Überfall auf die Ukraine. Russland drosselte damals die Lieferungen, Deutschland brauchte dringend Energie. Hier bot sich der Bundesregierung nun eine einmalige Gelegenheit, beglaubigt von Umweltschützern höchstselbst. Sie konnte Deutschlands Versorgung für Jahre hinaus sichern, die Klimabilanz entscheidend verbessern und noch dazu die Debatte über die Atomenergie zu ihren Gunsten beeinflussen.

Doch die Bundesregierung wollte nichts davon wissen. Lieber kauft sie Gas, das anderswo gefrackt wurde, zum Beispiel in den USA. Das ist die Ironie. Seit dem Ukrainekrieg setzt Deutschland in großem Stil auf Flüssiggas aus dem Ausland. An den Küsten wurden Terminals gebaut, in Wilhelmshaven, Brunsbüttel und Lubmin. Weitere sind geplant, in Mukran und in Stade auf Rügen zum Beispiel. Dieses Gas ist viel klimaschädlicher als heimisches. Der frühere Präsident der Bundesanstalt für Geowissenschaften und Rohstoffe Hans-Joachim Kümpel schätzt, dass es achtzig Prozent mehr Treibhausgase verursacht. Gefracktes Gas aus Niedersachsen wäre günstiger und klimaschonender. Man holt es aus der Erde und bringt es ohne große Umwege zu BASF.

Warum ist die Bundesregierung dann dagegen? Die Antwort darauf liegt auf dem Land.

Dort haben sich unzählige Bürgerinitiativen gegründet. Sonderlich aktiv sind sie nicht mehr, denn die Bundesregierung hat das Fracking ja verboten. Aber allein die Aussicht, dass es wegen des Ukrainekrieges doch noch erlaubt werden könnte, erzürnt viele Bürger. Sie drohen mit heftigen Protesten. Rüdiger Schmidt, Mitglied des Sprecherrats der niedersächsischen Bürgerinitiative »Kein Fracking in der Heide« schrieb mir einmal in einer Mail, man sei »in Lauerstellung« und könne jederzeit aktiv werden, »egal gegen wen – ob Teufel oder Beelzebub«. Ein Aktivist aus Bayern deutete sogar an, dass Bohrmaschinen zerstört werden würden. Es war Hans Babl, der Kreisvorsitzende des Bundes Naturschutz in Neustadt an der Waldnaab. »Ich hoffe, dass es solche Aktionen nicht braucht. Also Sachbeschädigung von Bohrmaschinen«, sagte er am Telefon. Aber wer wisse schon, wozu beispielsweise die Leute von »Extinction Rebellion« bereit wären? Babl wollte für nichts garantieren. »Hier im Ort gibt's niemanden, der Fracking haben will.« Keiner wolle so eine »Blödsinnsdiskussion«.

Diesen Widerstand scheuen die Politiker. Insbesondere die Ministerpräsidenten der Länder. Der niedersächsische Ministerpräsident Stephan Weil reagierte schon auf den Vorschlag, zu fracken, gereizt. »Geht's noch?«, schrieb er bei Twitter. Es war mitten im Wahlkampf für die niedersächsische Landtagswahl. Ein anderes Mal sagte Weil: »Überall da, wo auch nur über ein solches Projekt nachgedacht wird, bilden sich jede Menge Widerstände. Dann hätte man sofort wirklich jahrelange Streitigkeiten vor der Brust.« Seine Stimme hat besonderes Gewicht, denn in Niedersachsen werden die größten Schiefergasvorkommen vermutet. Ohne den niedersächsischen Ministerpräsidenten geht also nichts.

Von den Landesregierungen hängt sogar besonders viel ab. Sie müssen die Probebohrungen genehmigen, mit denen ein Unternehmen prüft, wie viel Schiefergas unter der Erde liegt. Vier solche Probebohrungen sind in Deutschland erlaubt. Allerdings gaben die Länderchefs den Bohrfirmen schon vorher unmissverständlich zu verstehen, dass sie dagegen sind. Also stellte erst gar keiner einen Antrag. Ludwig Möhring, der Geschäftsführer des Bundesverbands Erdgas, Erdöl und Geoenergie, sagte uns: »Unsere Industrie hat diese klare Positionierung respektiert.« Damit war die Diskussion über Fracking beendet, bevor sie überhaupt losgehen konnte. Im Ergebnis führte all das zu einer klimaschädlichen Politik.

Dabei wollte doch eigentlich jeder das Klima schützen. All unsere Gesprächspartner bekannten sich dazu. Die Leute auf dem Land wollten Klimaschutz, nur nicht, dass man bei ihnen nach Gas bohrte. Die Ministerpräsidenten wollten Klimaschutz, aber keine Wähler verlieren. Und die Bundesregierung wollte Klimaschutz, sie holte aber lieber klimaschädliches Flüssiggas aus Übersee, als das Frackingverbot in Deutschland aufzuheben.

Deshalb geht es in Wahrheit um etwas anderes. Es geht darum, sich die Zumutungen der Moderne vom Leib zu halten. Viele Bürger haben an ihren Segnungen gerne teil, sie wollen Erdgas zum Heizen, Strom rund um die Uhr, günstiges Fleisch. Sie wollen aber keinen Schlachthof in ihrer Nähe, kein Kraftwerk und auch kein Gasfeld, auf dem gefrackt wird. In gewisser Weise ist das verständlich. Wer will schon ein Gasfeld in der Nähe seines Wohnortes haben, auf dem jeden Tag der Lärm der Bohrmaschinen zu hören ist? Dann soll eben woanders gefrackt werden, könnte man argumentieren. Irgendwo, wo vielleicht weniger Menschen leben, wo so ein Gasfeld niemanden stört. Nur ist es in einem dicht besiedelten und wohlhabenden Land wie Deutschland kaum möglich, so einen Standort zu finden. Irgendwer fühlt sich am Ende immer gestört.

Es bleiben dann zwei Möglichkeiten: Entweder, es wird an einem Ort gefrackt, an dem sich die Bürger doch damit arrangieren können, oder es wird nirgendwo gefrackt. Dann muss die Bundesregierung Kohle verbrennen und klimaschädliches Flüssiggas aus dem Ausland einschiffen. Für den Bürger ist das bequem. Im Winter ist genug Gas zum Heizen da, und in der Nachbarschaft bleibt alles genauso, wie es ist. So ähnlich läuft es auch bei Kraftwerken, die schon lange existieren. Man kann den Reaktor auf der Wiese vor dem Ort ablehnen und so lange dagegen demonstrieren, bis die Bundesregierung ihn abschaltet. Dann laufen die Kohlekraftwerke ein paar Kilometer weiter eben etwas länger. Für die Einheimischen ist das angenehm. Der verhasste Meiler am Fluss verschwindet, und das Licht abends geht trotzdem an. Man sollte dann nur nicht so tun, als sei einem Klimaschutz besonders wichtig.

Diese Haltung kann man zu Recht kritisieren. Aber interessanter ist die Frage, warum sie in Deutschland so verbreitet ist. Die Antwort darauf lautet: Man kann im Alltag leicht übersehen, wie sehr sie dem Klima schadet.

Ein Atomkraftwerk, das in Sichtweite des eigenen Gartens steht, kann niemand ignorieren. Man sieht es ständig, beim Mähen des Rasens oder wenn man die Kinder zum Essen ruft. Aber man kann nicht sehen, dass Deutschland wegen des Atomausstiegs jede Stunde im Schnitt 10 000 Tonnen Braunkohle verfeuern muss, um das Stromnetz stabil zu halten. Das ist eine abstrakte Zahl. Die Zusammenhänge sind kompliziert.

So ist es auch mit dem Fracking. Man könnte es sehen und hören, wenn in der niedersächsischen Heide plötzlich Bohrmaschinen herangekarrt würden und Tausende Meter tief in Gesteinsmassive vorstoßen würden. Man sieht die Arbeiter mit ihren Helmen und Schutzanzügen, die Pipelines, in denen das Gas wegtransportiert wird. Aber man kann nicht sehen, dass Deutschland im Jahr 2023 rund 66 Terawattstunden flüssiges Erdgas importieren musste, weil es nicht fracken will. Höchstens die Bewohner von Wilhelmshaven, in deren Hafen die Tanker einlaufen. Und nicht einmal die sehen, dass dieses Gas bis zu 80 Prozent klimaschädlicher ist als heimisches. Das sind abstrakte Informationen. Es kann einem also leicht entgehen, dass Deutschland sich am Klima versündigt. Deshalb passiert es.

Auf der einen Seite stehen dröge Fakten, auf der anderen Emotionen und Bilder. Und da bleiben in der Regel die Bilder und Emotionen hängen. Die Kühltürme eines Atomkraftwerks sehen die Leute im angrenzenden Ort tagein, tagaus. Nach einigen Jahren gibt es vielleicht ein Kühlmittelleck im Primärkreislauf. Der Betreiber informiert die Anwohner bei einer Pressekonferenz. Ein Techniker erklärt, dass bei einer Routinekontrolle ein kleiner Riss entdeckt wurde, der zu keinem Zeitpunkt gefährlich war. Er rattert Zahlen herunter über irgendwelche Grenzwerte und Strahlendosen. Es sind Fakten, die kaum jemand versteht. Aber die Sorge vor einem radioaktiven Unfall begreift jeder, ganz instinktiv. Und jeden Tag werden die Leute durch die bedrohlichen Kühltürme daran erinnert.

So ist es auch beim Fracking. Im Bericht der Expertenkommission ist die Rede von Frac-Fluids, Reservoirtiefen und numerischen Simulationen. Es ist eine eher mühsame Lektüre. Das Bild eines brennenden Wasserhahns dagegen prägt sich sofort ein. Erst recht das Entsetzen im Blick des Mannes, dem die Stichflamme entgegenschlägt. Das versteht jeder. Es spielt dann auch keine Rolle mehr, dass all das fast nichts mit Fracking zu tun hatte, sondern mit natürlichen Vorkommen von Methan im Grundwasser. Die Bilder bleiben trotzdem hängen.

Das ist der Grund, weshalb die Leute gegen das Fracking und gegen Atomkraftwerke sind, obwohl es dem Klima schadet. Natürlich gibt es auch Bürger, die die Zahlen kennen. Sie wissen, dass es klimaschädlicher ist, Schiefergas zu importieren, statt es in Deutschland zu fördern. Trotzdem wollen sie keinen Bohrturm vor der Haustür. Das ist wenig überraschend. Denn die Interessensabwägung wird ihnen leicht gemacht. Auf der einen Seite steht ein abstraktes öffentliches Gut, der Klimaschutz. Auf der anderen Seite steht ein konkretes persönliches Interesse, der Erhalt der Nachbarschaft. Den meisten wird die Nachbarschaft erst einmal wichtiger sein. Übrigens macht es diese Leute noch nicht zu Gegnern des Klimaschutzes. Sie können trotzdem dafür sein. Das erklärt die widersprüchliche Haltung vieler Bürger und Politiker. Alle wollen das Klima schützen, nur eben bitte nicht vor der eigenen Haustür.

Wenn das so ist, wie konnten Politiker dann überhaupt jemals den Bau von Reaktoren in Deutschland durchsetzen? Wie konnten Bohrfirmen jahrelang Milliarden Kubikmeter Gas aus Kohleflözen holen? Es hätte doch dann schon viel früher Proteste dagegen geben müssen.

Manche meinen, es liege an erodierender naturwissenschaftlicher Bildung. Sie glauben, dass die Bürger früher empfänglicher waren für Fakten. Im Physikunterricht lernten sie noch, wie Kernspaltung funktioniert, und jeder war in der Lage, im Kopf die wesentlichen Zahlen zu überschlagen. Heute rangiert die Physik noch hinter den Genderwissenschaften, so die Theorie, und deswegen will auch keiner mehr ein Kernkraftwerk oder einen Bohrturm in seiner Nähe haben. Kaum einer versteht noch, wie die Technik funktioniert, und Wissenschaftsfeinde haben leichtes Spiel.

Das ist aber nicht der eigentliche Grund. Warum sollten die Leute früher weniger empfänglich gewesen sein für Emotionen? Der Mensch von damals ist der gleiche wie heute. Da kann der Physikunterricht noch so spannend gewesen sein. Es muss also eine andere Erklärung geben, warum die Deutschen moderne Technologien damals noch akzeptierten. Die lautet: Sie waren in viel höherem Maße darauf angewiesen. Deswegen standen sie ihnen positiv gegenüber, und zwar auch, ohne alle Fakten zu kennen. Sie waren intuitiv dafür.

Man kann das gut an einem Beispiel erläutern, das nichts mit Energiepolitik zu tun hat: dem Impfen. Noch Anfang der Sechzigerjahre erkrankten in der Bundesrepublik Deutschland Tausende an Polio, der sogenannten Kinderlähmung. Dann entwickelten Ärzte einen Schluckimpfstoff, und den bewarben die Behörden aggressiv. Nicht mit wissenschaftlichen Fakten, sondern mit einer Angstkampagne. Sie wollten die Deutschen keineswegs rational überzeugen, sie wollten sie emotional erreichen. Plakate und Werbesendungen im Fernsehen zeigten verkrüppelte Kinder, die ihr Leben lang auf Krücken angewiesen waren, dazu den Spruch: »Schluckimpfung ist süß, Kinderlähmung ist grausam.« Das zog. Immer mehr Leute ließen sich impfen, und binnen weniger Jahre wurde Polio in der Bundesrepublik komplett zurückgedrängt.

Es funktionierte, weil den Deutschen die Krankheit geläufig war. Sie hatten von ihr gehört, sie wussten, dass es schlimm ausgehen konnte. Vielleicht hatten sie im entfernten Bekanntenkreis von jemandem gehört, der selbst an Polio erkrankt war. Oder sie wussten von einem, der sich kurzzeitig in eine Eiserne Lunge legen und künstlich beatmet werden musste, weil sein Zwerchfell gelähmt war. Unter Umständen kannten sie sogar ein Kind, das die Krankheit für immer verkrüppelt hatte. In einer solchen Lage muss man niemanden mit einer faktengesättigten Aufklärungsbroschüre von der Impfung überzeugen. Impfschäden spielten in der Debatte keine Rolle. Die Deutschen waren froh, dass sie und ihre Kinder vom grausamen Schicksal der Krankheit verschont bleiben würden. Man musste ihnen höchstens die Dringlichkeit klarmachen. Dafür reichten ein paar Plakate und Werbespots im Fernsehen.

Heute ist das anders. Es gibt in Deutschland hartnäckige Impfgegner. Manche weigern sich, ihre Kinder gegen die

Masern impfen zu lassen. In Chatgruppen tauschen Eltern Tipps aus, wie sie die Impfpflicht umgehen können. Wie man die Gespräche mit den Ärzten führt. Welche Labore die genauesten Antikörpertests anbieten. Und wo man illegale Impfzertifikate herbekommt, wenn all das nicht weiterhilft. Die radikalsten unter ihnen lassen ihre Kinder gar nicht mehr impfen, auch nicht gegen die Kinderlähmung. Sie gefährden damit das Wohl ihrer Kinder, dabei sind sie ganz besonders besorgt darum, das ist die Ironie. Sie sind überzeugt, dass sie ihren Kindern etwas Gutes tun, indem sie ihnen die Impfung verwehren. Denn ihnen fehlen die emotionalen Berührungspunkte mit all diesen Krankheiten. Sie wissen nicht mehr intuitiv, wie gefährlich sie sind. All das ist keine Frage der Aufklärung oder der Fakten. Das Wissen ist vorhanden. In jeder Arztpraxis liegen Aufklärungsbroschüren aus, die den Eltern in einfacher Sprache auseinandersetzen, wie gefährlich Polio oder die Masern sind. Das zieht nur kaum, denn die Impfgegner kennen eben niemanden mehr im Bekanntenkreis, der mal Polio hatte und daran fast gestorben wäre. Sie kennen aber vielleicht jemanden, der Impfschäden davongetragen hat, oder es zumindest behauptet. Und mit Sicherheit haben sie schon einmal Kinder gesehen, die panische Angst vor dem Impfen hatten. Sie haben also viele emotionale Berührungspunkte mit Spritzen. Deswegen lehnen sie sie ab.

Und nun kommt noch etwas Entscheidendes hinzu: Die Impfgegner können sich diese Ablehnung leisten. Es hat für sie keine gesundheitlichen Folgen. In einem Land wie Deutschland ist es sehr unwahrscheinlich, sich mit Polio anzustecken, selbst wenn man ungeimpft ist. Es sind ja fast alle anderen dagegen geimpft. Und solange nur ein paar Leute ausscheren, bricht noch keine Epidemie aus. Das passiert erst, wenn es viel mehr Leute tun. Bis dahin profitieren die Impfgegner von den Geimpften. Man muss es sich also erlauben können, die Impfung gegen hochansteckende und gefährliche Krankheiten abzulehnen. Man muss es sich leisten können, moderne

Technologien zu verweigern. Es ist ein Wohlstandsphänomen. Die Moderne war so erfolgreich, dass sie sogar Leute hervorgebracht hat, die sie ablehnen.

Genauso ist es auch bei der Energie. Mitte der Fünfzigerjahre waren die Deutschen begeistert von Atomkraftwerken und alle maßgeblichen Parteien ebenfalls, sogar die SPD. Der Historiker Arnulf Baring hat das einmal in einem Gastbeitrag in der *Frankfurter Allgemeinen Zeitung* dargelegt. Baring zitierte aus dem »Atomplan« der Sozialdemokraten von 1956: »Die kontrollierte Kernspaltung und die auf diesem Weg zu gewinnende Kernenergie«, heißt es da, »leiten den Beginn eines neuen Zeitalters für die Menschen ein. Die Hebung des Wohlstands, die von der neuen Energiequelle ausgehen kann, muss allen Menschen zugutekommen.« Das Ende des Krieges war gerade einmal zehn Jahre her, den Leuten steckte die Armut noch in den Knochen. Sie wussten, was es heißt, wenn ihnen die Kohlen ausgingen oder der elektrische Strom ausfiel. Sie wussten, wie es sich anfühlt, tagelang im Dunkeln zu sitzen und zu frieren. Das brauchte ihnen niemand zu erklären. Deshalb brauchte ihnen auch keiner die Vorteile der potentesten Energiequelle auf der Erde zu erläutern. Die Leute verstanden schon instinktiv, was sie davon hatten. Die Kernenergie sollte sie aus der Not befreien, sie versprach wachsenden Wohlstand. Niemandem wäre es in den Sinn gekommen, sie abzulehnen. Die Sozialdemokraten nahmen diese Stimmung nur auf.

Die Deutschen wollten genug Energie zum Leben und zum Arbeiten haben. Deshalb bauten sie Atomkraftwerke, deshalb förderten sie Braunkohle und Gas in der norddeutschen Tiefebene. Niemand war dagegen, alle wollten im Winter ihre Häuser heizen und genügend Strom haben. So kam das Wirtschaftswunder zustande. Es ist kein Zufall, dass die Proteste gegen Atomkraftwerke begannen, als die unmittelbare Not der Nachkriegszeit lange überwunden war. Nun konnte man es sich leisten, die Risiken dieser Technologie in den Blick zu nehmen. Man konnte es sich sogar erlauben, sie zu überzeichnen. Es war ein Wohlstandsphänomen, ähnlich wie der Aufschwung der Kriminalromane in Großbritannien im 19. Jahrhundert. Seinen Durchbruch hatte das Genre, als die Mordrate in London und anderen britischen Städten zurückgegangen war. Erst als die Mittel- und Oberschicht nicht mehr fürchtete, von Verbrechern in einer Seitengasse erschlagen zu werden, las sie solche Geschichten gerne. Nun konnte sie sich so richtig schön gruseln. So war es auch bei Kernenergie.

Der entscheidende Moment war dann weder die Großdemonstration gegen das Kernkraftwerk in Brokdorf Ende der 1970er-Jahre noch der Protest gegen den schnellen Brüter in Kalkar. Es war auch nicht der erste Atomausstieg unter Rot-Grün im Jahr 2000. Sondern ein auf den ersten Blick völlig nebensächliches Ereignis: Die Abschaltung des ersten Atomkraftwerks durch die Bundesregierung 2003 in Stade. Der Meiler stellte seinen Betrieb ein, und es passierte nichts. Nirgendwo im Land gingen die Lichter aus. Keiner musste frieren. Der Strom blieb günstig. Es tat überhaupt nicht weh. Es gab in Deutschland genügend andere Kraftwerke. So war es selbst 2011, als Bundeskanzlerin Angela Merkel nach dem Reaktorunfall in Fukushima binnen weniger Wochen mehrere Reaktoren vom Netz nahm. Zunächst gab es heftige Diskussionen im Land, und die Stromkonzerne klagten gegen die Entscheidung. Dann legte sich die Aufregung, und den Bürgern passierte: nichts. Der Strom kam weiter aus der Steckdose. Das Netz blieb stabil. Die Industrie verkaufte ihre Waren. Man konnte sich die Abschaltung leisten.

Sicher, dafür mussten Kohlekraftwerke einspringen, das war und ist fatal für das Klima. Aber dafür interessierten sich damals nur wenige. Um den Klimawandel würde man sich irgendwann demnächst einmal kümmern, das war die vorherrschende Meinung. In großen deutschen Zeitungen erschienen noch Artikel, die anzweifelten, dass der Mensch überhaupt etwas mit der Erderwärmung zu tun hatte. Außerdem war das mit den Kohlekraftwerken, die bei Flaute einspringen mussten, recht kompliziert. Vom Ausbau irgendwelcher Stromnetze gar nicht zu reden. Man musste sich schon etwas genauer mit Energiepolitik auseinandersetzen, um das zu verstehen, und wer wollte das schon? Darüber sollten sich die Fachleute streiten. So nahmen die Deutschen den Atomausstieg hin. Sie konnten es sich erlauben.

Beim Fracking war es noch eindeutiger. Deutschland war so wohlhabend, dass es sich leisten konnte, von vorneherein darauf zu verzichten. Nicht einmal eine Probebohrung hatte es nötig. Dann kaufte es eben Schiefergas aus dem Ausland, notfalls wurden binnen weniger Monate Flüssiggasterminals an den norddeutschen Küsten hochgezogen. Das kostete Milliarden, aber so schnell ging dem Land das Geld schon nicht aus. Beim Spaziergang durch die Marsch fühlte sich keiner gestört, und die Politiker in den Bundesländern wurden wiedergewählt. Alles bestens. Wäre da nicht das Klima.

Aber was können die Politiker da schon tun? Sie folgen dem Willen der Bürger, so funktioniert die Demokratie nun einmal. Die Bundesregierung kann ja nicht einfach anfangen, Kraftwerke durchzusetzen, die in der Nachbarschaft unbeliebt sind. Wobei, Moment. Genau das tut sie. Und zwar bei den erneuerbaren Energien. Seit dem Sommer 2022 liegt der Ausbau von Windrädern und Solardächern in Deutschland im »überragenden öffentlichen Interesse«. Das hat die Bundesregierung gesetzlich festgelegt. Die Erneuerbaren dienen jetzt der öffentlichen Sicherheit. Sie haben Vorrang. Das müssen die Behörden fortan bedenken, wenn sie über den Bau eines Windparks entscheiden. Sie müssen sehr gewichtige Gründe haben, um ihn abzulehnen.

Früher war das anders. Da mussten sie alles Mögliche prüfen. Zum Beispiel, ob die Windräder ein denkmalgeschütztes Schloss in der Nähe beeinträchtigen würden. Es reichte schon, wenn sie den Blick darauf verstellten. Die Behörden mussten ständig komplizierteste Dinge abwägen, ob Sichtachsen oder den Ensembleschutz. Jetzt wird es einfacher.

Die Bundesregierung erwog sogar, das Klagerecht von Verbänden einzuschränken. Manchmal klagen nämlich auch Verbände gegen den Bau von Windrädern, die Hunderte Kilometer entfernt ihren Sitz haben. Sie sind also gar nicht direkt davon betroffen. Der stellvertretende Fraktionsvorsitzende der SPD im Bundestag Matthias Miersch hält das für Missbrauch. Er vermutet hinter solchen Klagen Leute, die die Energiewende torpedieren wollen, wie er einmal dem NDR sagte. Damit brachte die Regierung sogar den Naturschutzverband NABU gegen sich auf, einen jahrelangen Verbündeten der grünen Partei. Der befürchtete, dass der Naturschutz entkernt werde. Überall sollten Rotoren aufgestellt werden, Rotmilane und Fischadler mussten weichen, und niemand würde sie in Zukunft noch davor bewahren können. So wichtig war der Bundesregierung der zügige Ausbau der Erneuerbaren.

Man kann das gutheißen. Windräder und Solardächer sind unerlässlich, um das Klima zu schützen, ihr Ausbau sollte schneller gehen. Nur, warum nutzt die Bundesregierung diesen Hebel dann nicht beim Fracking? Warum nutzt sie ihn nicht, um alle noch vorhandenen Atomkraftwerke für die nächsten Jahrzehnte zu ertüchtigen, oder sogar, um neue zu bauen? All das schont schließlich ebenfalls das Klima, und zwar erheblich.

Die Bundesregierung hatte noch ein Argument. Sie wollte Deutschland unabhängig machen. Der Bau der LNG-Terminals sollte es unabhängiger machen von russischen Gasimporten. Die Abschaltung der verbliebenen Kernkraftwerke sollte es unabhängiger machen von russischen Uranimporten. Und auch der Ausbau der Erneuerbaren war ein Dienst an der deutschen Unabhängigkeit. Windräder und Solarkollektoren brauchen keinen Brennstoff, also muss man auch keinen im Ausland einkaufen. Das Problem mit dieser Argumentation ist nur: Sie ist irreführend.

Es stimmt, die Flüssiggasstationen sorgten dafür, dass Deutschland vom russischen Pipeline-Gas wegkam. Es war deshalb richtig, sie zu bauen. Nur wäre das Land heute wesentlich unabhängiger, wenn es heimisches Schiefergas fördern würde. So ersetzte es nur die eine Abhängigkeit durch eine andere. Es tauschte russisches Gas durch norwegisches und amerikanisches. Das war riskant, wie sich einige Monate später zeigte. Da stoppte der amerikanische Präsident Joe Biden vorläufig alle Flüssiggasexporte ins Ausland. Biden begründete das mit dem Klimaschutz. Beobachter vermuteten dahinter aber etwas anderes. Sie nahmen an, dass der amerikanische Präsident die Preise für Gas im Inland drücken wollte. Denn wenn die Bohrfirmen ihr Gas nicht mehr ins Ausland verschiffen können, müssen sie es in den USA verkaufen. Dort ist dann schlagartig viel mehr auf dem Markt, und es wird günstiger. Sollte Biden bei seiner Linie bleiben, muss Deutschland Ersatz finden für das amerikanische Gas. Das ist möglich, immerhin gibt es genügend Verkäufer auf dem Weltmarkt. Aber es könnte teuer werden. Mit heimischem Schiefergas wäre das anders.

Noch problematischer waren die Argumente zur Atomenergie. Es stimmt, Deutschland hat in der Vergangenheit russisches Uran gekauft, genauso wie russisches Gas. Die Beziehungen zum Land waren gut und das Uran preiswert. Deshalb kaufte die Bundesregierung es dort. Aber man kann es auch anderswo herbekommen, zum Beispiel aus Australien oder Südafrika. Hinzu kommt, dass man Uran auf Vorrat lagern und dann jahrelang damit Strom erzeugen kann. Es ist einer der potentesten Rohstoffe der Erde. In einer Tonne Uran-235 steckt so viel Energie wie in 162 500 Tonnen Kohle. Das hat die kanadische Universität Calgary ausgerechnet. Sie hat auch berechnet, wie weit man mit verschiedenen Energieträgern fahren könnte. Mit einer Handvoll Kohle käme man zehn Meter weit. Mit der gleichen Menge Uran 1625 Kilometer. Die Bundesregierung muss also nur sehr wenig davon einkaufen. Sie kann mal in dem einen Land Uran kaufen, mal in einem anderen, je nachdem, wie gerade die Preise sind und die politische Lage. Die Gefahr, dass ihr der Brennstoff ausgeht, ist gering. Ganz anders ist das mit Erdgas. Das muss rund um die Uhr fließen. Wenn es also irgendetwas gibt, das ein Land unabhängig macht, dann ist es die Atomenergie.

Bleiben noch die Erneuerbaren. Es stimmt, Windräder und Solardächer verbrauchen keine Rohstoffe, um Energie zu erzeugen. Aber um sie zu bauen, braucht man Unmengen an Rohstoffen. In einem großen Windrad auf See stecken rund zwei Tonnen der seltenen Erde Neodym. Von solchen Windrädern braucht man mindestens 140 Stück, um die Leistung des Atomkraftwerks Isar 2 in Bayern zu ersetzen. Eher sind es mehr, denn der Wind weht nicht unentwegt. Man braucht also mindestens 280 Tonnen Neodym, das ist die Größenordnung. Hinzu kommen bis zu 4200 Tonnen Kupfer, wenn man die Anschlüsse mit hinzunimmt. Ähnlich sieht die Rechnung bei den Solarpanelen aus. Die Energiewende ist eine Materialschlacht.

Und woher bekommt Deutschland die Rohstoffe dafür? Vor allem aus China. Das Land ist der mit Abstand wichtigste Lieferant seltener Erden auf dem Planeten. Deutschland macht sich mit der Energiewende also keineswegs unabhängiger. Es macht sich in höchstem Maße abhängig, noch dazu von einem geopolitischen Rivalen, der nur darauf wartet, den Westen unter Druck zu setzen. Nun hat Schweden kürzlich eine Million Tonnen seltene Erden entdeckt. Es könnte sein, dass dieser Fund Deutschland weniger abhängig von China macht. Bleiben noch das viele Kupfer und andere Materialien. Deutschland wird Unmengen an Rohstoffen brauchen, wenn es bei seinem bisherigen Kurs bleibt.

Beim Umbau unseres Energiesystems geht es also auch um Geopolitik. Spätestens seit dem Ukrainekrieg ahnt das jeder. Und doch spielt es in der Debatte kaum eine Rolle. Es liegt an den Politikern, das zu ändern. Sie müssen den Bürgern erklären, wie abhängig sich Deutschland mit seiner Energiepolitik macht. Welche Gefahren das birgt. Und wie man es ändern könnte. Jetzt wäre der richtige Zeitpunkt dafür. Seit dem russischen Überfall ist vielen klar geworden, wie wichtig Energie ist und dass sie nicht wie selbstverständlich aus der Steckdose kommt. Die Politiker können die Bürger jetzt wieder emotional erreichen. Sie könnten sie aufrütteln und so selbst Entscheidungen rechtfertigen, die bei einem Teil der Bevölkerung unbeliebt sind. Zum Beispiel, das Fracking fortan zu erlauben oder alle noch verfügbaren Atomkraftwerke wieder zu ertüchtigen. Mag sein, dass ihre Argumente nicht alle überzeugen werden. Mag sogar sein, dass es heftige Proteste gibt. Aktivisten könnten sich Straßenschlachten mit der Polizei liefern, andere Bohrtürme zerstören, sie haben es ja schon angedeutet. Die Frage ist, wie die Politiker damit umgehen. Sie können die Auseinandersetzungen scheuen und weitermachen wie bisher. Das ist riskant, vor allem für die Zukunft des Landes. Oder sie können zu ihren Überzeugungen stehen, trotz aller Proteste. Das ist ebenfalls riskant, besonders für sie selbst.

Man könnte denken, dass es klar ist, wofür sich Politiker entscheiden. Sie wollen an der Macht bleiben, das ist das Wichtigste. Erst kommt die Wiederwahl, dann die Zukunft des Landes. Aber so einfach ist es nicht. Es gibt sehr wohl Amtsträger, die ihre persönlichen Interessen hintanstellen. Die Bundesrepublik Deutschland hatte einige davon, sie hatte in dieser Hinsicht besonderes Glück. Selbst monatelange Straßenschlachten haben diese Politiker nicht davon abgehalten, wegweisende Entscheidungen zu fällen.

In den Fünfzigerjahren waren viele Deutsche gegen die Wiederbewaffnung der Bundeswehr. Es gab heftige Auseinandersetzungen. Bei einem verbotenen Protest erschossen Polizisten einen Demonstranten und verletzten zwei weitere. Bundesinnenminister Gustav Heinemann trat 1950 von seinem Amt zurück. Trotzdem hielt Bundeskanzler Konrad Adenauer an der Wiederbewaffnung fest, und das zu Recht. Nur so war Deutschland im westlichen Bündnissystem verankert, nur so war seine Freiheit dauerhaft garantiert. Ähnlich war es in den Achtzigerjahren, beim Streit über die Stationierung amerikanischer Mittelstreckenraketen. Die Mehrheit der Deutschen war dagegen. Hunderttausende gingen in Bonn auf die Straße, die Friedensbewegung prägt das Land bis heute. Trotzdem bemühte sich Helmut Schmidt darum, und auch das war richtig. Denn es setzte die Sowjetunion so unter Druck, dass sie sich schließlich mit Amerika auf gemeinsame Abrüstungsverträge einigte. Auf lange Sicht trug das zum Zusammenbruch des Ostblocks bei. Solche weitsichtigen Entscheidungen sind nun auch in der Energiepolitik nötig. Die Politik muss den Bürgern klarmachen, dass es kein Zurück hinter die Moderne gibt. Und sie muss dazu stehen. Andernfalls ist Klimaschutz zum Scheitern verurteilt.

Achtes Kapitel

EINE WINTERNACHT IM JAHR 2053

Warum Klimaschutz nur international funktioniert

Einige meiner Freunde haben bei der Bundestagswahl die Grünen gewählt. Die meisten eher widerwillig. Sie sind keine Anhänger der Partei. Sie wollen aber, dass sich endlich was tut beim Klimaschutz. Jahrzehntelang haben Union und SPD darüber geredet, aber zu wenig getan, fanden sie. Jetzt waren eben mal die anderen dran. Manche analysierten ihre Wahlentscheidung schonungslos. Ja, sagten sie, die Grünen machen Fehler. Ja, sie haben zum Teil ideologische Ansichten. Aber wenigstens wollen sie wirklich etwas tun, im Gegensatz zu den anderen.

Ihnen allen war besonders wichtig, dass Deutschland beim Klimaschutz vorangeht. Sie waren überzeugt: Wenn es Deutschland nicht tut, tut es keiner. Sie rechneten damit, dass dabei Dinge schiefgehen. Pioniere leben eben gefährlich. Ohne sie schafft es aber niemand. Einer muss voranschreiten, das weiß jeder Bergsteiger. Und wer, wenn nicht Deutschland, war dafür am besten geeignet? Dagegen lässt sich nur schwer etwas einwenden. Seit dem Beginn der Hochindustrialisierung 1870, seit mehr als 150 Jahren, verbrennt Deutschland ungeheure Mengen an Kohle. Nach Großbritannien gehörte es zu den ersten

Ländern in Europa, die sich rasant industrialisierten. In der Liste der Staaten, die über die Jahrhunderte die meisten Treibhausgase produzierten, steht es noch immer an fünfter Stelle. Und das, obwohl China schon seit fast zehn Jahren mehr als dreimal so viel Kohlendioxid pro Jahr ausstößt wie die ganze Welt 1910. Das Land erlebt eine industrielle Revolution, die alle Umwälzungen in Europa in den Schatten stellt. Trotzdem liegt Deutschland in der Rangliste der historischen Emittenten noch immer so weit oben. Es hat seinen Wohlstand lange genug auf der Verbrennung fossiler Rohstoffe gegründet. Die Bundesregierung sollte deshalb Vorreiter beim Klimaschutz sein, finden viele. Man stelle sich nur einmal vor, sie würde das anders sehen. Wirtschaftsminister Habeck steht beim nächsten Klimagipfel im Kreise ausländischer Minister und sagt: »Wir haben beschlossen, jetzt mal langsamer zu machen. Unsere Industrie kommt da nicht mit, das versteht ihr sicher. Außerdem wachsen bei uns jetzt Zypressen, und das sieht eigentlich ganz hübsch aus.« Wie käme das wohl in Indien an, in dem Landstriche durch die Hitze zu veröden drohen? Wie in China, das erst seit der wirtschaftlichen Öffnung durch Deng Xiaoping in den Achtzigerjahren Kohlendioxid im großen Stil ausstößt? Der chinesische Minister könnte antworten: »Wenn ihr ausschert, sehen wir keinen Grund, nicht noch einhundert weitere Kohlekraftwerke zu bauen. Immerhin genießen wir unseren fossilen Wohlstand erst seit gut vierzig Jahren. Es geht um unsere Industrie.« Die gesamte internationale Klimapolitik würde in sich zusammenfallen. Es wäre ihr Ende.

Da finden es viele gut, dass Deutschland beim Klimaschutz besonders ambitioniert ist. Dass es schon 2045 klimaneutral sein will, fünfzehn Jahre vor China und fünf Jahre vor der Europäischen Union. So kann es Vorbild sein für andere Staaten. Die, so ist die Hoffnung, folgen uns anschließend auf unserem Weg.

Vielleicht. Vielleicht aber auch nicht. Es hängt davon ab, ob Deutschland Erfolg hat. Erfolg bedeutet hier nicht: Klimaneutralität. Sondern Wohlstand *und* Klimaneutralität. Wenn Deutschland nur klimaneutral wird, indem die Bürger in selbst geflickten Kleidern zur Arbeit radeln, statt im Mercedes zu fahren, wird wohl kaum ein anderes Land folgen. Dafür wollen noch zu viele in der Welt einen Mercedes fahren. Das Problem ist nur, dass Alleingänge beim Klimaschutz fast zwangsläufig zu Wohlstandsverlusten führen. Sie müssen scheitern. Denn Klimaschutz ist teuer, und wenn kein anderes Land mitmacht, ist die Wirtschaft des Vorreiters im Nachteil. Kipppunkte gibt es eben nicht nur beim Klima, sondern auch in der Wirtschaft, das ist das Problem.

Wenn ein Land beim Klimaschutz besonders ambitioniert ist, setzt es seine Firmen unter Druck. Sie müssen mehr Geld für Strom bezahlen und ihre Fabriken aufwendiger umrüsten. Ihre Waren werden teurer. Währenddessen produzieren die Unternehmen im Rest der Welt weiter so wie bisher. Alle dürfen weiter Gas verbrennen, um ihre Grundstoffe herzustellen, noch dazu günstiges Gas, es hat ja kein Politiker künstlich den Preis hochgeschraubt. Dort bleiben die Waren also preiswert.

Eine Zeit lang kann das sogar gut gehen. Wenn eine E-Klasse aus Deutschland 50 000 Euro kostet und ein vergleichbarer Renault 40 000, dann könnte es sein, dass sich die E-Klasse noch immer gut verkauft. Ein Mercedes ist eben immer noch ein Mercedes. Aber es kommt auf den Preisunterschied an. Die wenigsten werden sich noch einen kaufen, wenn ein vergleichbares ausländisches Modell die Hälfte kostet. Schlimmstenfalls müssen die Firmen irgendwann aufgeben. Die meisten werden ihre Fabriken allerdings vorher in andere Länder verlegen. Dorthin, wo sie noch wettbewerbsfähig sind, wo die Energiepreise vertretbar sind. Sie wollen ja weiter Geld verdienen. Schon jetzt gibt es Anzeichen dafür. Im Dezember 2023 kündigte der Reifenhersteller Michelin an, keine Lkw-Reifen mehr in Deutschland herzustellen, unter anderem weil die Energie so teuer geworden war. Immer mehr Geschäftsführer erwägen öffentlich, ihre Waren im Ausland zu produzieren. Natürlich sind solche Warnungen Teil des politischen Spiels. Mag sein, dass es manchen dieser Unternehmen in Wahrheit weniger schlecht geht als behauptet. Mag sein, dass einige nur darauf spekulieren, Subventionen von der Politik zu erhalten, probieren kann man es ja mal. Aber wenn es erst einmal so weit ist, dass Firmen wegziehen, lässt es sich kaum noch rückgängig machen. Dann ist der Kipppunkt erreicht.

Gut, könnte man denken, wenigstens haben wir dann einen besseren Klimaschutz. Aber das stimmt nicht. Ein Alleingang *schadet* dem Klima, das ist die Ironie. Die Firmen verlegen ihre Fabriken ja in Länder, in denen die Energie weniger kostet. In diesen Ländern ist dann aber auch in der Regel die Klimapolitik lascher, insgesamt gelangt also mehr Kohlendioxid in die Atmosphäre. Wenn Deutschland beim Klimaschutz vorprescht, geht es also ein hohes Risiko ein. Scheitert das Land, dann ist es am Ende arm, und das Klima erwärmt sich noch schneller.

Andere Länder könnten das sogar ausnutzen. Ich sprach einmal mit einem ehemaligen Bundesminister darüber. Es ging um China. Für den Mann war völlig klar, dass das Land seine Klimapolitik auch nach seinen machtpolitischen Ambitionen ausrichtete. Das war ein wesentlicher Grund, warum es erst zehn Jahre nach den Vereinigten Staaten und Europa klimaneutral sein wollte. Es ging hier nicht darum, dass die Staaten des Westens schon viel länger Kohlendioxid ausstoßen und China sich deswegen noch etwas Zeit lassen kann. Jedenfalls nur am Rande. Das Argument machte sich vor allem gut auf dem internationalen Parkett. Es baute moralischen Druck auf. In Wahrheit ging es um die Schwerindustrie. China wollte die ausländische Schwerindustrie ins eigene Land locken. Das lohnte sich, vor allem im Falle eines Krieges.

Man stelle sich folgendes Szenario vor: Es ist das Jahr 2050, Europa und die USA haben es geschafft, sie sind klimaneutral. Stahl wird mit Wasserstoff hergestellt. Der ist allerdings knapp und teuer, also ist auch der Stahl knapp und teuer. Anders in

China. Das Land hat schließlich noch zehn Jahre Zeit, bis es keine Treibhausgase mehr ausstoßen will. Wer Hochöfen betreibt, der tut es also am besten dort, Thyssen-Krupp zum Beispiel. Das ist kein Beinbruch, der Konzern kann den Stahl ja mit Schiffen nach Europa bringen. Die Europäische Union bekommt ihren Stahl, Thyssen-Krupp sein Geld, China seine Steuereinnahmen. Alle sind zufrieden.

Bis China eines Nachts im Winter des Jahres 2053 flächendeckend Verteidigungsstellungen in Taiwan bombardiert. Fachleute gehen in ihren Simulationen davon aus, dass eine Invasion der Insel so beginnen würde. Die Staatschefs der USA und Europa sind entsetzt und verurteilen den Angriff. Sie können aber kaum Sanktionen verhängen. Das würde ihre eigenen Firmen im Land empfindlicher treffen als die chinesischen. Aufrüsten können sie ebenso wenig. Sie sind abhängig von China. Es hat die Stahlproduktion der Welt fest im Griff.

Trotzdem wollen sie auf den Angriff reagieren. Amerikanische Kriegsschiffe nähern sich der Insel, um die Landeoperation der Chinesen zu unterbinden. Kurz darauf sendet der chinesische Staatschef eine Ansprache an den Westen. Man werde diese beispiellose Provokation in den eigenen Hoheitsgewässern nicht dulden, sagt er. Es handele sich um eine rein chinesische Angelegenheit, man verbitte sich jegliche Einmischung von außen. Um weiteren Provokationen vorzubeugen, habe er Stahlexporte in den Westen vorerst gedrosselt.

Damit ist der Untergang Taiwans besiegelt. China sitzt am längeren Hebel. Das Risiko einer militärischen Konfrontation ist zu hoch für den Westen, unabhängig von der Gefahr eines Atomkriegs. Die Wirtschaft ist angewiesen auf die chinesische Schwerindustrie, und Rüstungsfirmen könnten Materialverluste auf dem Schlachtfeld nur schlecht kompensieren. Selbst die Gießereien, die Amerika aus Gründen der nationalen Sicherheit im Land noch vorhält, machen keinen Unterschied. Es sind zu wenige. Der Übermacht der chinesischen Industrie hat der Westen nur wenig entgegenzusetzen.

Natürlich ist das nur ein Gedankenspiel. Es könnte selbstverständlich auch ganz anders kommen. Schon jetzt kann man bezweifeln, dass die US-Amerikaner ihrer Schwerindustrie jemals gestatten, nach China auszuwandern. Aber das ist eben genau der Punkt. Die USA haben aus Gründen der nationalen Sicherheit ein Interesse an ihrer Schwerindustrie. Sie werden sie nicht aus dem Land treiben, indem sie beim Klimaschutz weiter gehen als jeder andere. Deutschland hingegen schon.

Es ist deshalb an der Zeit, ehrlich zu sein. Klimaschutz kann nur funktionieren, wenn die größten Emittenten sich auf ein gemeinsames Vorgehen einigen. Man kann das in vielen Ländern sehen, zum Beispiel in China. Ja, das Land hat allein im ersten Halbjahr 2023 mehr Solardächer im Land aufgestellt als Deutschland in den vergangenen dreißig Jahren, darauf wies der Ökonom Lion Hirth einmal in einem Gastbeitrag in der *Frankfurter Allgemeinen Zeitung* hin. Aber China baut eben auch Kohlekraftwerke in unvorstellbarer Dimension. Man muss sich nur den chinesischen Energieverbrauch ansehen, die internationale Energieagentur hat ihn auf ihrer Website dargestellt. Seit 1990 steigt die Energie, die aus Kohle, Öl und Gas gewonnen wird, rasant an. Die Energie hingegen, die Windräder und Solardächer beisteuern, muss man in der Grafik suchen, so klein ist ihr Anteil. Er wird größer, das stimmt, aber Wind und Sonne können den Energiehunger Chinas nicht einmal im Ansatz stillen.

Ja, der amerikanische Präsident Joe Biden hat ein Milliardenprogramm aufgesetzt, um die Transformation der Wirtschaft auf den Weg zu bringen, und seit gut zehn Jahren sinken die Emissionen der Vereinigten Staaten langsam. Aber das Land verursacht weiterhin Unmengen an Treibhausgasen, im vergangenen Jahr waren es schon zum zweiten Mal in Folge mehr als im Jahr davor, rund fünf Milliarden Tonnen. Ja, Deutschland hat Windräder und Solardächer seit der Jahrtausendwende mit Hunderten Milliarden von Euros gefördert und ihnen so nicht nur hierzulande zum Durchbruch verholfen, sondern auf dem Weltmarkt. Das war ein kaum zu unterschätzender Dienst für den weltweiten Klimaschutz. Vor zwanzig Jahren war es noch eine Herausforderung, große Windräder zu konstruieren, das ist jetzt anders. Und doch stammten im Jahr 2022 laut dem Umweltbundesamt noch immer fast achtzig Prozent der verbrauchten Energie in Deutschland aus Kohle, Öl und Gas. Das bedeutet: Erst wenn ein Staat fossile Rohstoffe einspart, wird es ernst. Erst dann hat es einen Nachteil gegenüber all denen, die weiter darauf setzen. Bisher hat das noch kein Land wirklich gewagt, so ehrlich sollte man sein.

Und wer es doch versuchte, musste vorher aufgeben. Zum Beispiel Großbritannien. Lange war das Land beim Klimaschutz besonders ambitioniert, es galt als Pionier. Großbritannien verbrennt als einer von wenigen Staaten kaum noch Kohle und stößt nur noch halb so viele Treibhausgase aus wie 1990. Auf diesem Weg wollte die britische Regierung weitergehen. Sie wollte neue Verbrennerautos schon ab 2030 verbieten, fünf Jahre vor der Europäischen Union. Sie wollte die Vorschriften für Häuserdämmungen in besonderem Maße verschärfen. Doch im September 2023 machte Premierminister Rishi Sunak einen Rückzieher. Er verschob das Verbot neuer Verbrennerautos um fünf Jahre nach hinten, von 2030 auf 2035, und schwächte die Dämmvorschriften ab. Sunak begründete das mit bemerkenswert offenen Worten. Er kritisierte, dass Politiker viele Jahre lang nicht »ehrlich« über Kosten und Nutzen des Klimaschutzes gesprochen hätten. »Stattdessen haben sie es sich leicht gemacht und erzählt, dass wir alles haben können«, sagte er. Man kann diesen Schritt bedauern. Aber letztlich belegt er nur, wie herausfordernd Alleingänge beim Klimaschutz sind. Ab einem bestimmten Punkt können Politiker sie kaum noch durchhalten.

Großbritannien steht genau an dieser Schwelle, die Wortwahl von Sunak deutet es an. Jetzt fängt die Transformation an, den Bürgern wirklich wehzutun. Bald müssen sie ihre Häuser dämmen, selbst diejenigen, die kein Geld dafür übrig haben. In wenigen Jahren dürfen sie nur noch Elektroautos kaufen, obwohl es noch viel zu wenig Ladesäulen im Land gibt, nämlich rund 40 000. Bis zum Ende des Jahrzehnts sollen es fast zehnmal so viele sein.

All das kostet Geld, es ist bei vielen unbeliebt. Es schränkt ihre Möglichkeiten ein, noch dazu Möglichkeiten, die andere Länder weiterhin haben. Solange es der Wirtschaft gut geht, kann man das als Politiker vielleicht noch begründen. Geht es ihr aber schlecht, wird das schon schwieriger.

Man versetze sich nur einmal in die Lage des britischen Premierministers. Elektroautos sind teuer, die Wirtschaft tritt auf der Stelle, China verbrennt jedes Jahr so viel Kohle wie Großbritannien zu Hochzeiten in zwei Jahrzehnten, und da soll der Premierminister sich ins Unterhaus stellen, den Blick fest auf die Reihen der oppositionellen Abgeordneten gerichtet, und sagen: »Unsere Wirtschaft leidet zwar, trotzdem sollten wir weiter mehr für den Klimaschutz tun als alle anderen«? Das ist eine ziemlich schwache Position. Oppositionspolitiker könnten antworten: »Vielleicht reicht es ja, im oberen Mittelfeld mitzulaufen statt ganz vorne, wenn die Bürger schon zu verarmen drohen. Vielleicht können wir ja Klimaschutz so handhaben wie die Europäische Union, statt sie zu übertrumpfen, wenn wir schon keine Transfergelder mehr von dort bekommen. Oder wollen Sie die Transformation aus eigener Tasche bezahlen, lieber Herr Sunak?«

Deutschland hat eine solche Debatte gerade erst erlebt, beim Heizungsgesetz der Ampel. Der erste Entwurf, der an die Öffentlichkeit gelangte, hätte den Bürgern enorme Härten zugemutet. Sie standen in keinem Verhältnis zu der Menge an Treibhausgasen, die dadurch eingespart worden wären. Wie soll man das als Politiker erklären, noch dazu in der gegenwärtigen Energiekrise? So etwas muss scheitern, und es scheiterte dann ja auch.

Alleingänge helfen also nicht. Irgendwann nämlich stehen die Politiker immer vor der Wahl, ob sie das Klima schonen und dafür Wohlstandsverluste in Kauf nehmen wollen oder lieber den Wohlstand erhalten und dafür den Klimaschutz hintanstellen wollen. Wer wiedergewählt werden will, der wird sich in der Regel für Letzteres entscheiden. Selbst die Grünen haben das am Ende beim Heizungsgesetz getan. Die Europäische Union hat deshalb eine andere Idee. Sie hat ein CO_2-Grenzausgleichssystem geschaffen, sie will zu einer Klimafestung werden. Drinnen sind die Klimaschützer; die Industrie arbeitet mit Wasserstoff, die Bürger fahren Elektroauto. Draußen sind die Klimasünder, jene Länder, die noch immer Kohle, Öl und Gas verbrennen. Um zu verhindern, dass europäische Firmen dadurch einen Nachteil haben, erhebt die Europäische Union Strafzölle auf Produkte von draußen. Sie zieht die Zugbrücke hoch. So verhindert sie, dass andere Staaten den Markt mit preiswerten, aber klimaschädlichen Waren überschwemmen. Dann kostet das chinesische Elektroauto eben genauso viel wie der in Deutschland gefertigte E-Mercedes.

Leider befürchten Ökonomen wie etwa Achim Wambach, dass sich mit einer solchen Abschottung nicht alle Emissionen vermeiden lassen. Er verweist auf das Öl. Angenommen, Europa verbraucht immer weniger davon, weil es beim Klimaschutz besonders streng ist. Dann sinkt die Nachfrage, Öl wird also günstiger. Die ölfördernden Länder werden versuchen, anderen, vor allem ärmeren Ländern mehr davon zu verkaufen, um ihre Verluste auszugleichen. Ihre Chancen stehen gut, denn der Preis für den Rohstoff ist ja gesunken. Plötzlich können sich auch Länder in Afrika oder Ostasien wieder mehr davon leisten. Am Ende wird genauso viel davon verbrannt wie vorher, nur woanders. Für das Klima ist das unerheblich. Es erwärmt sich weiter. Die Wahrscheinlichkeit, dass es so laufen würde, ist hoch. Man muss sich nur das Verhalten der OPEC-Staaten auf der Weltklimakonferenz in Dubai anschauen. Sie stellten früh klar, dass sie weiter Öl fördern wollen. Sie wollten um jeden Preis verhindern, dass die Weltgemeinschaft sich zur

Abkehr von fossilen Rohstoffen bekennt. Zu viel hängt für diese Staaten am Öl, ihr Wohlstand, ihre Macht. Noch dazu ist eine Abschottung in einer Klimafestung riskant. Wenn zu wenige Länder mitmachen, entfalten die Strafzölle keine Wirkung. Die Länder draußen können ihre Waren dann auch woanders verkaufen und einfach weiter Kohle, Öl und Gas verbrennen. In diesem Fall ruinieren Strafzölle nur die eigene Wirtschaft, schonen aber das Klima nicht.

Glücklicherweise gibt es noch einen anderen Weg. Die Idee dafür stammt vom amerikanischen Ökonomen William Nordhaus, der 2018 den Wirtschaftsnobelpreis erhielt: ein Klimaclub, eine Art Koalition der Willigen für den Klimaschutz. Er unterscheidet sich von der Klimafestung vor allem in einem Detail. Es sollen so viele Länder wie möglich mitmachen, vor allem die großen Klimasünder.

Das ist das Wichtigste, es ist sogar wichtiger als die Klimaziele, die sich der Club setzt. Selbst wenn diese Ziele am Ende weniger ambitioniert sind als die von einzelnen Staaten, ist das kein Problem. Sie helfen dem Klima trotzdem mehr als nationale Alleingänge.

Das hängt mit der disziplinierenden Wirkung eines solchen Clubs zusammen. Die Mitglieder einigen sich auf einen gemeinsamen Emissionshandel für Kohle, Öl und Gas, genauso wie bei einer Klimafestung. Es ist also in allen Staaten immer gleich teuer, fossile Rohstoffe zu verbrennen. Der Preis dafür steigt bei allen gleich schnell an. Alle haben immer denselben Anpassungsdruck, kein Land hat einen Nachteil, weil es weiter geht als die anderen. Die Unternehmen können also bleiben, wo sie sind. Wenn der Klimaschutz in China genauso streng ist wie in Deutschland, dann bringt es nichts, die Fabrik nach Asien zu verlegen. Wenn genügend Schwergewichte bei so einem Club mitmachen, zum Beispiel China, die Vereinigten Staaten und Indien, bringt so ein Club sogar Länder auf Linie, die ihm fernbleiben wollen. Dann nämlich wirken die Strafzölle. Kein Land wird es sich leisten können, nicht mehr mit China, den USA und Indien gleichzeitig zu handeln. Deshalb würden die Strafzölle auch kaum zur Anwendung kommen. Die Androhung würde schon reichen, um dem Club beizutreten. Es ist immer noch besser, Klimaschutz zu betreiben und mitzureden, als zu schweigen und dazu gezwungen zu werden. So werden immer mehr Treibhausgase eingespart, und immer weniger Länder scheren aus.

Tatsächlich gibt es sogar einen solchen Club. Olaf Scholz hat sich der Sache persönlich angenommen. Er hat den Club mitgegründet, im Sommer 2022 auf Schloss Elmau, weitere Gründungsmitglieder neben Deutschland waren Frankreich, Italien, Japan, Kanada, Großbritannien und Nordirland sowie die Europäische Union und Amerika. Es gibt nur ein Problem: Die Mitglieder müssen sich noch auf verbindliche Regeln einigen. Bisher sind sie daran gescheitert. Bei der Weltklimakonferenz im Dezember 2023 in Dubai waren zum Club zwar schon viel mehr Länder hinzugestoßen, aber seine Ziele waren noch immer nebulös, wie Christian Geinitz damals in der *Frankfurter Allgemeinen Zeitung* berichtete. Von einem »inklusiven Forum« war die Rede, von einem »offenen und kooperativen Klimaklub«. Jeder durfte mitmachen, jeder mitreden, ohne Bedingung.

So wird das nichts. Ein Klimaclub braucht harte Regeln, einen gemeinsamen Emissionshandel für die Mitglieder und Strafzölle für alle anderen. Sonst entfaltet er keine Wirkung.

Manche glauben, dass er das niemals tun wird. Sie halten die Vorstellung eines funktionierenden Klimaclubs für naiv. Die Staaten der Welt scheitern ja schon jetzt daran, ihre Klimaziele zu erfüllen. Nächtelang verhandelten sie 2015, um das Übereinkommen von Paris zu erreichen. Und doch halten viele Wissenschaftler es heute für unrealistisch, die Erderwärmung auf 1,5 Grad zu begrenzen. Dafür verbrennen die Staaten noch immer viel zu viele fossile Rohstoffe, manche sogar mehr als vorher. Wieso sollte es der Weltgemeinschaft da ausgerechnet gelingen, gemeinsam auf fossile Rohstoffe zu verzichten?

Die Antwort ist einfach: Es ist bisher die beste Idee, um wirtschaftlichen Wettbewerb und Klimaschutz in Einklang zu bringen. Und schon jetzt kann man erahnen, dass sie funktioniert. Auf der Weltklimakonferenz in Dubai zeichnete sich ab, dass Indien seine Treibhausgase künftig bepreisen wird, um die europäischen Klimaschutzzölle zu umgehen. Damit hatten nur wenige gerechnet. Viele gingen davon aus, dass die Europäische Union als Klimafestung zu klein ist, um andere Länder zum Klimaschutz zu animieren. Dass Indien erwägt, seinen Kohlendioxidausstoß zu besteuern, beweist das Gegenteil. Sollte das Land Ernst damit machen, wäre das ein erster Schritt zu einem echten Klimaclub. Es war die mit Abstand beste Nachricht aus Dubai.

Warum hört man dann kaum davon? Eigentlich müsste das die Diskussion im ganzen Land verändern. Leitartikler müssten sich fragen, welche Zugeständnisse man den Chinesen machen könnte, um sie ebenfalls zum Beitritt in einen Klimaclub zu bewegen. Politiker aller Farben müssten in den Talkshows darüber diskutieren, wer sonst noch mitmacht und wie die Bestimmungen sind. Die Mitglieder der »Letzten Generation« könnten sich an die Zäune des Bundeskanzleramts kleben und fordern, dass sich Olaf Scholz selbst darum kümmert. Der *Spiegel* könnte ein Foto von Staatschefs auf seiner Titelseite bringen, die sich mit zerfurchten Gesichtern und Augenringen über Unterlagen beugen, dazu die Zeile: »Ist der Klimaclub die Rettung?« Leider sorgte die Weltklimakonferenz für andere Schlagzeilen. Hier eine kurze Auswahl: »Weltweite Emissionen so hoch wie nie«, »Haushaltsstreit: Habeck reist nicht zur Weltklimakonferenz«, »Wie glaubwürdig ist COP-Präsident Al-Jaber?«

Dafür gibt es einen Grund: In der Klimadebatte geht es selten darum, was am meisten bewirkt. Es geht häufig darum, was moralisch richtig ist. Vielen Aktivisten ist es besonders wichtig, dass Deutschland beim Klimaschutz weiter geht als alle anderen. Es soll ein Vorbild sein, ein strahlender Leuchtturm in der Welt. Manche sind dafür sogar bereit, Wohlstandseinbußen in Kauf zu nehmen. Wie viel Wert sie auf die Moral legen, kann man schon daran erkennen, dass sie um die Problematik von Alleingängen wissen. Ihnen ist klar, dass Klimaschutz mit der Brechstange Unternehmen aus dem Land treibt und dem Klima am Ende schadet, viele reden im Vieraugengespräch offen darüber. Trotzdem fordern sie ihn. Es geht also um die Botschaft.

Diese Fixierung auf das Prinzip ist eine deutsche Eigenheit. Der baden-württembergische Ministerpräsident Winfried Kretschmann sagte in einem Interview mit mir und meinem früheren Kollegen Rüdiger Soldt während der Corona-Pandemie einmal über das Wesen der Deutschen: »Wir sind geprägt von Immanuel Kant, geprägt davon, dass der Mensch ein Wesen ist, das nach Grundsätzen handeln kann.« Dem Volk der Maximen stellte Kretschmann die Amerikaner gegenüber, ein Volk der Pragmatiker und Utilitaristen.

Die Deutschen fragen sich: Was ist das Richtige? Die Amerikaner fragen sich: Was bringt uns weiter? Das ist natürlich eine Verallgemeinerung. Es gibt auch pragmatische Deutsche und Prinzipienreiter in Amerika.

Und doch ist etwas dran an der Beobachtung. Die Deutschen standen in den vergangenen Jahren immer dann besonders geeint hinter der Politik, wenn Prinzipien und die gewünschte Wirkung deckungsgleich waren. Das ist der Grund, warum das Land 2015 mehr Flüchtlinge aufnahm als jeder andere europäische Staat und warum die Bundesregierung lange an diesem Kurs festhielt. Die Politik wollte den Menschen helfen, viele Bürger anfangs ebenfalls, und es war zweifellos in einem grundsätzlichen Sinne gut. Der Streit begann in dem Moment, in dem ein Großteil der Bürger nicht mehr damit einverstanden war, Hunderttausende Migranten aufzunehmen.

Das machte die Sache kompliziert, denn im Sinne einer höheren Moral war es ja weiterhin geboten. Gewissermaßen saß die Moral bei der Aushandlung der Flüchtlingspolitik stets mit am Tisch, sie hatte eine eigene Stimme. Und eine einflussreiche dazu. Bundeskanzlerin Merkel blieb für Monate bei ihrem Kurs, sie weigerte sich, die Grenzen zu schließen, obwohl die Stimmung in der Bevölkerung längst umgeschlagen war.

Ähnlich war es beim Ukrainekrieg. Trotz seiner Vergangenheit rang sich Deutschland dazu durch, der Ukraine Raketen zu liefern. So musste es kommen, dafür war die Sache moralisch zu eindeutig.

Die Ukrainer verteidigen sich gegen einen völkerrechtswidrigen Angriffskrieg, sie kämpfen gegen einen Aggressor, der keinen Zweifel daran gelassen hat, dass er die Ukraine im Falle eines Sieges als Staat auslöschen will. Noch dazu war die Lieferung von Waffen wirkungsvoll, man wollte ja verhindern, dass russische Soldaten die Ukraine überrennen, schon aus eigenem Interesse.

Der Streit begann in dem Moment, in dem es plötzlich möglich schien, dass die Ukraine den Krieg gewinnen könnte. An der moralischen Bewertung der Waffenlieferungen änderte das nichts, wohl aber fürchteten einige nun, dass sie eine unerwünschte Wirkung haben könnten. Sie hatten Sorge, dass sich der Krieg auf das Gebiet der NATO ausweitet, Kanzler Olaf Scholz warnte vor einem Nuklearkrieg. Nun bremste die Regierung bei Waffenlieferungen. Die Ukraine sollte fortan nicht mehr gewinnen, sie sollte bitte nur nicht verlieren, Scholz hat es selbst so gesagt.

Hier kommt der Klimaschutz ins Spiel. Für ihn gilt nämlich eine Besonderheit. Bei ihm liegt das, was moralisch richtig ist, und das, was wirkungsvoll ist, seit jeher weit auseinander. Es geht schon im Kleinen los. In den Großstädten verzichten immer mehr Menschen auf ein eigenes Auto und fahren stattdessen Lastenrad. Einige verstehen das als Bekenntnis zu einer klimaschonenden Lebensweise. Wer auf dem Land lebt, eine Ölheizung besitzt und eine übermotorisierte Limousine fährt, der gilt in diesen Kreisen schnell als Klimasünder. Wer seine Kinder mit dem Auto in den Kindergarten fährt statt wie alle anderen mit dem Fahrrad oder mit der Bahn, der muss damit rechnen, dass man ihn fragt, warum er das tut. Manch Lastenradfahrer schaut auf Autofahrer herab, er fühlt sich moralisch überlegen. Dabei ist es gut möglich, dass er in Wahrheit mehr Kohlendioxid verursacht als der Landbewohner mit dem Auto. Es kommt auf die Wohnsituation an. Lebt der Mensch vom Lande in einem nach neuesten Standards gedämmten Haus und der Stadtbürger in einem zugigen Altbau, dann kann der Dorfbewohner noch eine Menge Runden mit seiner Limousine drehen, er wird trotzdem die bessere Klimabilanz haben. Es geht immer um die Größenordnungen.

Der Widerspruch zwischen Moral und Wirkung wird noch größer, wenn es um den Klimaschutz von Staaten geht. Es ist ehrenhaft, wenn Deutschland sich weitreichende Ziele setzt. Es ist aber nicht besonders wirkungsvoll. Ein Klimaclub hingegen, dem sich Japan, China, die USA und die Europäische Union anschließen, wäre es selbst dann, wenn er sich weniger ambitionierte Ziele setzte. Nur würden das mit Sicherheit viele als unmoralisch empfinden. Man stelle sich einmal vor, was dann im Land los wäre. Angenommen, Scholz hält eine Ansprache im Bundestag. Der Kanzler tritt ans Pult und spricht von einem Meilenstein des Klimaschutzes. Nach tagelangen Verhandlungen unter seiner Führung hätten sich die größten Emittenten endlich geeinigt. Endlich gebe es einen einheitlichen Emissionshandel für Amerika, Asien und Europa, endlich einen einheitlichen Transformationspfad, sogar Strafzölle für alle Länder, die diese Standards ablehnen. Das erfülle ihn mit Stolz, sagt der Kanzler, und dann kaum merklich in einem Nebensatz: Deshalb habe Deutschland beschlossen, seine Klimaziele anzupassen. Klimaneutral will es nun nicht mehr 2045, sondern 2055 werden, so wie die restlichen Staaten im Club. Ein Sturm würde losbrechen.

Politiker und Journalisten würden dem Kanzler vorwerfen, das Geschäft der AfD zu erledigen. Die Magazine der Republik würden ihn in einer Liege unterm Sonnenschirm zeigen, drum herum verdorrte Landschaften. Scholz, der erste Klimasünder der Republik. Dabei wäre er mit einem solchen Erfolg in Wahrheit zu einem der verdienstvollsten Klimaschützer der Welt geworden.

Je weiter man in die Zukunft blickt, desto schwieriger wird es, den moralischen Ansprüchen des Klimaschutzes noch zu genügen. Es ist schon ein Fehler, sich überhaupt auf Klimaneutralität zu fixieren. Das hängt mit den Grenzkosten zusammen. Am Anfang kostet Klimaschutz wenig und er schränkt die Bürger kaum ein. Die Industrie baut in ihren Fabriken neue Turbinen ein, weil die alten ohnehin zerschlissen waren, schon spart sie von einem auf das nächste Jahr große Mengen Kohlendioxid ein. Firmen bauen Windräder, Politiker schalten Kohlekraftwerke ab, der Ausstoß sinkt, und alle leben weiter wie bisher.

Aber schon wenig später sorgt der Klimaschutz für erste Zumutungen. Die Bürger sollen auf Elektroautos umsteigen und ihre Häuser dämmen. An diesem Punkt stehen wir in Deutschland jetzt. All das sind noch Kleinigkeiten gegen den Anpassungsdruck in der Zukunft. Die letzten Jahre bis zur Klimaneutralität werden eine enorme Herausforderung. Die Transformation könnte dann Hunderte von Milliarden kosten, wenn nicht mehr. Dann nämlich muss wirklich jedes Unternehmen mit Wasserstoff arbeiten, selbst der Mittelständler in Oberursel, dann muss es immer genügend grünen Strom geben, genügend Speicher, das ganze System muss umgestellt werden. Trotzdem spart all das dann nur noch ein paar Prozent Treibhausgase ein. Es wäre also sinnvoll, darauf zu verzichten. Nur steht es eben im Widerspruch zu einer höheren Moral, zu der Vorstellung, dass ein Land wie Deutschland einen Haken hinter die Menschheitsaufgabe des Klimaschutzes setzt und allen anderen zeigt: Wir haben es geschafft.

Vielleicht steckt dahinter ja auch eine Sehnsucht nach nationaler Überlegenheit, die man anders nicht stillen kann? Deutschland will niemanden mehr mit militärischer Macht beeindrucken, aus guten Gründen. Es tritt auf dem internationalen Parkett eher zurückhaltend auf. Selbst wenn ein Deutscher stolz auf sein Land ist wegen einer eher unverdächtigen Leistung, zum Beispiel weil es so viele Waren in die Welt exportiert, hat er ein Problem. Nationalstolz steht in Deutschland immer unter Verdacht, er ist immer problematisch. Das ist angesichts seiner Geschichte und des Holocausts nachvollziehbar. Und doch führt das zu einer Verzerrung. Denn die Sehnsucht, stolz auf Deutschland sein zu können, ist ja bei vielen noch vorhanden, auch bei Linken. Sie muss sich also auf eine Errungenschaft richten, die moralisch unangreifbar ist.

Und was könnte moralisch einwandfreier sein als die Rettung eines lebenswerten Planeten? Wenn Deutschland das erste klimaneutrale Land der Erde wäre, dann hätte man es allen anderen mal wieder so richtig gezeigt. Und keiner könnte etwas dagegen sagen.

Dabei gibt es noch einen anderen Weg. Anstatt mit aller Kraft zu versuchen, als Erster klimaneutral zu werden, könnte Deutschland sein Geld sinnvoller ausgeben. Die Regierung könnte einen Teil dieses Geldes ärmeren Ländern geben, um bei ihnen den Klimaschutz voranzubringen. Statt Hunderte von Milliarden auszugeben, damit in Deutschland noch das letzte Feuerwehrauto auf Wasserstoff umgerüstet ist und das letzte Prozent Treibhausgase aus der nationalen Bilanz herausgedrängt, sollte die Bundesregierung damit in Afrika Windräder bauen lassen. Jedes Kohlekraftwerk, das mit diesem Geld verhindert wird, spart in Summe viel mehr Treibhausgase ein als wasserstoffbetriebene Rettungsfahrzeuge in Frankfurt und Berlin.

Tatsächlich ist Deutschland in dieser Hinsicht sogar ein Vorreiter. Auf dem Petersberger Klimadialog im Mai 2023 kündigte Scholz an, den grünen Klimafonds mit zwei Milliarden Euro zu unterstützen. Das ist gut investiertes Geld. Mehr als achtzig Prozent des Stromes in Südafrika stammt aus fossiler Energie. Für jedes Windrad, das dort gebaut wird, müssen weniger Kohlezüge durchs Land rollen. Das ist in Deutschland paradoxerweise anders. Gerade weil es schon so viele Windräder gebaut hat, braucht es die Kohle als Back-up. Mehr Windräder bedeuten hier eben nicht zwangsläufig weniger Emissionen. All das ist kein Plädoyer gegen engagierten Klimaschutz. Es ist nur eines für wirkungsvollen Klimaschutz. Am wirksamsten ist er nun einmal, wenn er international abgestimmt wird. Andernfalls scheitert er schon am Geld, vom Widerstand der Bürger zu schweigen.

Das muss nicht heißen, dass sich Aktivisten und Politiker von jeder Moral verabschieden müssen. Gerade diesen internationalen Weg können sie moralisch verteidigen. Es geht dann um eine offene Welt, in der Staaten miteinander kooperieren, statt sich abzuschotten. Um eine Welt, in der China und die USA im Dialog bleiben, bei allen machtpolitischen Differenzen, in der die Staaten im Wettbewerb zueinanderstehen, sich dem Klimaschutz und dem Erhalt eines lebenswerten Planeten aber gemeinsam widmen. So selbstverständlich, wie das klingt, ist so eine Welt längst nicht mehr. Dabei ist sie gerade für den Klimaschutz unerlässlich.

Neuntes Kapitel

AUF DER SUCHE NACH DEM SCHNEE

Wie wir wieder zuversichtlich sein können

Mitte der Neunzigerjahre fuhr meine Mutter einmal mit uns in den Skiurlaub. Ich saß auf dem Rücksitz und schaute gelangweilt nach draußen ins Grau, den Walkman aufgedreht. Ich war in der Pubertät und hatte andere Baustellen. Dann aber veränderte sich etwas. Die Felder waren plötzlich weiß. Der Himmel leuchtete in sanftem Blau, und am Horizont ragte ein Bergmassiv empor. Es fiel mir jetzt schwerer, gelangweilt auszusehen.

Je höher wir fuhren, desto höher lag der Schnee. Am Straßenrand türmten sich weiße Haufen auf, die Häuser schienen unter einer Decke zu verschwinden. Abends liefen wir durch den Ort und die trockene Kälte, alles klang gedämpft. Nur das Knirschen unter unseren Füßen war deutlich zu vernehmen.

Kürzlich fuhr ich selbst mit meinen Kindern in die Berge. Ich wollte, dass sie einen richtigen Winter erleben. Vor uns tauchten die Alpen auf, doch die Landschaft blieb grau. Im Skiort in mehr als 1000 Metern Höhe lagen ein paar verdreckte Eishäufchen. Wir nahmen einen Lift, auf der Suche nach dem Schnee. Die Gondel schwebte über Tannen und braune Wiesen, bis irgendwann keine Bäume mehr zu sehen waren. Da endlich wurde es weiß.

Zwanzig Jahre nach meinem ersten Urlaub in den Bergen hatte sich der Schnee weit ins Gebirge zurückgezogen. Und irgendwann wird er fast vollständig verschwunden sein. Natürlich ist das alles halb so schlimm. Niemand kommt deswegen zu Schaden, und den Bergen tut es nur gut, wenn sich im Winter nicht jeden Tag Zehntausende an ihnen verkanten. Aber hier, in den Alpen, kann man als Mitteleuropäer eben am deutlichsten erkennen, was die Erderwärmung schon jetzt verändert hat. Und wenn es schon hier so deutlich ist, wie sieht es dann erst in Afrika oder Indien aus, wo der Klimawandel die Lebensgrundlagen der Menschen bedroht? Dort raubt die Wüste ihnen die Felder und das Wasser ihnen die Behausungen. Manche Menschen müssen an Sommertagen unter Straßenbrücken ausharren, um der Hitze zu entfliehen.

All das konnte man längst wissen, man konnte es aber auch immer gut verdrängen. Wenn der Sommer besonders heiß war, redete man sich eben ein, dass es früher schon Hitzeperioden gab. Jeder hatte schon mal hitzefrei in der Schule. Aber man musste schon blind sein, um den Klimawandel in den Alpen zu übersehen.

In gewisser Weise scheitert der Mensch an sich selbst. Er hat viele zivilisatorische Errungenschaften hervorgebracht, aber eines musste er tatsächlich nie lernen, nämlich seine Umwelt zu schonen. Seit Jahrtausenden geht er nach dem immer gleichen Muster vor. Er besiedelte Landstriche, holzte die Wälder ab, lutschte die Felder aus, dann bestellte er den nächsten Acker. Er baute Bergwerke, holte die Kohle aus der Erde, dann erschloss er das nächste Revier. Das war nie ein Problem. Irgendwo gab es noch stets Wälder und Auen, in die er ausweichen konnte, irgendwo gab es noch immer einen Kontinent zu erobern. Aber jetzt nicht mehr. Nun hat es die Menschheit geschafft, den gesamten Planeten aus dem Gleichgewicht zu bringen.

Ich schob diese Gedanken von mir und ging Ski fahren. Ich fand, meine CO_2-Bilanz war vertretbar. Aber ich konnte mir meinen eigenen Freispruch nicht abnehmen, dafür hing ich zu tief mit drin. Ich war zu oft in den Urlaub geflogen, hatte das Auto genommen, um zur Arbeit zu kommen, hatte die Bequemlichkeiten des fossilen Zeitalters zu sehr selbst genossen. Es war mir alles nur recht gewesen. Diese Schuldgefühle waren im Urlaub eher misslich. Meine Frau sah das ähnlich. Deshalb suchte ich nach einem Weg, um wieder optimistisch sein zu können.

Drei Möglichkeiten fielen mir ein. Es sind drei sehr unterschiedliche Wege, mit dem Klimawandel umzugehen.

Der erste ist, das Problem zu leugnen. Dafür muss niemand abstreiten, dass es wärmer auf der Welt wird. Nur dass die Menschheit selbst dafür verantwortlich ist. Dieser Gedanke ist nachvollziehbar. Der Mensch bemisst sich und seinem Wirken eine Größe bei, die im planetaren Maßstab winzig ist. Homo sapiens existiert seit 300 000 Jahren, die Erde seit 4,5 Milliarden Jahren. Es gibt den Planeten, auf dem wir leben, also schon 15 000-mal so lange wie uns. Warum sollten wir die Fähigkeiten haben, ihn vollständig umzugestalten?

Wer diese Zweifel bei Google eingibt, findet viele spannende Texte dazu. In manchen wird darauf hingewiesen, dass Kohlendioxid noch immer nur einen Anteil von 0,04 Prozent in der Atmosphäre ausmacht, trotz aller Treibhausgase, die die Weltgemeinschaft seit der Industrialisierung ausgestoßen hat. Da drängt sich eine Frage auf: Wie kann so wenig von einem so harmlosen Molekül so tiefgreifende Veränderungen hervorrufen? In anderen steht etwas über zyklische Strömungen im Atlantischen Ozean. Gemeint ist, dass sich dort in einem Zeitraum von etwa fünfzig Jahren wärmere und kältere Phasen abwechseln, ähnlich wie beim Wetterphänomen El Niño im Pazifik. Demnach befindet sich der Atlantik seit dem Jahrtausendwechsel in einer wärmeren Phase. Auch da drängt sich eine Frage auf: Könnte diese Zirkulation der eigentliche Grund sein, warum es in den vergangenen zwanzig Jahren so viel heißer war als sonst?

Es gibt noch viel mehr solcher Ansätze. Mal ist Sonnenstrahlung verantwortlich für die Hitze. Mal eine verschobene Erdachse. Mal die Treibhausgase, die durch Vulkane ausgestoßen werden. Die überwältigende Mehrheit der Klimawissenschaftler kritisiert diese Theorien, aber streng genommen muss das nichts heißen. Galileo Galilei wurde auch dafür angefeindet, dass er ein heliozentrisches Weltbild vertrat. Es könnte ja sein, dass jemand eine bahnbrechende Entdeckung im Klimasystem gemacht hat, die sich erst durchsetzen muss.

Wer daran glaubt, hat einen Vorteil. Er wird mental entlastet, ohne naiv zu wirken. Denn er erkennt ja an, dass es heißer wird. Nur seine Lebensgewohnheiten muss er nicht mehr hinterfragen. Wenn das, was auf der Erde geschieht, keine Folge menschlichen Handelns ist, dann ist es Schicksal. Der Mensch kann sich diesem Schicksal stellen, er muss es vielleicht sogar, um zu überleben. Aber er kann es reinen Gewissens tun.

Darin steckt eine sehr viel ursprünglichere Haltung zur Umwelt, als man meinen könnte. Wer glaubt, dass sich das Klima von selbst erwärmt, missachtet die Natur nicht, im Gegenteil. Er nimmt sie wahr als das, was sie für den Menschen über Jahrtausende war: als eine Übermacht. Gegen die Naturgewalten kann man nichts ausrichten, so ist dann der Gedanke, man kann höchstens lernen, mit ihnen zu leben.

Natürlich gibt es Leute, die den menschengemachten Klimawandel aus egoistischen Motiven anzweifeln. Zum Beispiel, weil sie weiter ungestört SUV fahren wollen. Wer Zweifel am menschengemachten Klimawandel hat, muss aber kein Egoist sein. Er könnte sogar ein überzeugter Umweltschützer sein. Er könnte sich dafür einsetzen, dass Felder im Niger wieder nach der traditionellen Halbmondmethode bewässert werden, damit sie nicht versteppen, oder dass Deutschland vorsorgt für den Wassermangel im Hochsommer. Seine Haltung ähnelte dann der des Arztes aus Albert Camus' Roman *Die Pest*. Mag das Chaos der Welt auch noch so gnadenlos über die Menschen hereinbrechen, Dr. Rieux stellt ihr sein Wirken entgegen. Er hilft den Pestkranken, obwohl es aussichtslos ist. Diese Aussichtslosigkeit macht ihn stark, weil er sie erkennt und annimmt. Er widersteht dem Nihilismus.

Es gibt allerdings ein Problem mit all diesen Theorien. Sie sind schon lange widerlegt. Im Jahr 1985 sprach der Astrophysiker Carl Sagan im Kongress in Washington D. C. über den Treibhauseffekt. Sagan saß zwischen den Mitgliedern des Ausschusses für Umwelt und öffentliche Bauten und redete ruhig, fast leise darüber, was auf der Erde geschah. Er erklärte, warum Kohlendioxid ein besonders potentes Treibhausgas ist. Das CO_2 in der Atmosphäre absorbiert Infrarotlicht, es speichert Wärme, die sonst ins Weltall entweichen würde. »Die Luft zwischen uns ist durchsichtig«, sagte Sagan, »außer vielleicht in Los Angeles und ähnlichen Orten, aber normalerweise können wir uns gegenseitig sehen. Wenn unsere Augen allerdings sensibel wären für Infrarotlicht von 15 Mikrometern Wellenlänge, dann könnten wir uns nicht sehen. Die Luft wäre schwarz. Und der Grund ist, dass Kohlenstoffdioxid Infrarotlicht sehr stark absorbiert.«

Zunächst einmal ist das eine gute Sache. Gäbe es keine Treibhausgase in der Atmosphäre, läge die Durchschnittstemperatur auf der Erde bei minus 18 Grad. Es herrschte ewiges Eis. Stattdessen haben wir eine Durchschnittstemperatur von plus 15 Grad. Schon das wenige Kohlendioxid in unserer Atmosphäre hat dafür gesorgt. Es hat Leben auf der Erde erst möglich gemacht. »Aber es handelt sich um ein empfindliches Gleichgewicht«, sagte Sagan. »Und hier sind wir nun, bringen jedes Jahr enorme Mengen CO_2 und anderer Treibhausgase in unsere Atmosphäre ein und fragen uns so gut wie nie, welche Konsequenzen das haben wird.«

Es stimmt also, Kohlendioxid macht nur 0,04 Prozent unserer Atmosphäre aus. Aber wer meint, dass es deshalb keine Wirkung hat, irrt sich. Es ist ungeheuer wirksam. Läge die Konzentration von CO_2 bei 0,08 Prozent, dann hätte die Menschheit ein gewaltiges Problem.

So ist es mit vielen Theorien, die den menschengemachten Klimawandel anzweifeln. Die meisten sind widerlegt. Manchmal haben die verantwortlichen Wissenschaftler sie sogar eigenständig aufgegeben. Das war zum Beispiel bei Michael Mann so, der die zyklischen Strömungen im Atlantischen Ozean entdeckt hatte. Er ist nun der Meinung, dass der Mensch die Temperaturschwankungen selbst verursacht hat.

Die wesentlichen Fakten sind seit 1985 bekannt, als Fernsehsender Sagans Rede vor dem Kongress in amerikanische Wohnzimmer übertrugen. Sie sind auch keineswegs in Vergessenheit geraten. Man muss nur bei Google suchen, warum der Mensch angeblich keinen Einfluss auf das Klima hat. Dann findet man vor allem Texte, die erklären, dass er sehr wohl Einfluss darauf hat. Aber noch immer ziehen das manche in Zweifel. Das nährt den Verdacht, dass es ihnen um mehr geht als ehrliches Erkenntnisinteresse. Nämlich vor allem darum, sich von der Last der eigenen Verantwortung zu befreien. Der Vergleich mit Galileo Galilei stimmt dann trotzdem, allerdings ganz anders als ursprünglich gedacht. Wer den menschengemachten Klimawandel in seinen Schriften abstreitet, hat nicht die Rolle des genialen Wissenschaftlers inne, der seine Erkenntnisse verteidigen muss gegen eine verknöcherte Institution. Sondern die des Dogmatikers. Er will, dass alles so bleibt, wie es ist, noch dazu aus niederen Motiven.

Doch das ist nicht einmal das Schlimmste. Vierzig Jahre nachdem Sagan die Kongressmitglieder warnte, sind die Emissionen auf der Welt nicht etwa gesunken. Sie sind gestiegen. Ich dachte in den Bergen länger über all das nach, als es ratsam gewesen wäre. Außerdem zur falschen Zeit, nämlich nachts. Da fragte ich mich, ob die Klimaaktivisten nicht doch recht hatten. Vielleicht würde es der Menschheit niemals gelingen, das Problem zu lösen. Jedenfalls nicht, wenn sie weiterlebte wie bisher. Und sie würde alles dafür tun, um weiterzuleben wie bisher, denn das garantierte ihren Wohlstand. Vielleicht gab es doch ein Problem mit der Moderne per se.

Das ist der zweite Weg, mit dem Klimawandel umzugehen. Es ist der Weg der Wachstumskritiker. Und auch der hat seine Vorteile.

Niemand bestreitet, dass die Menschheit Großes vollbracht hat. Sie hat Krankheiten ausgerottet und Millionen Menschen aus der Armut befreit. Man kann heute in Frankfurt um 11 Uhr in den Flieger steigen und gegen Mittag Ortszeit in New York aussteigen, selbst wenn man kein Spitzenverdiener ist. Wir haben sogar gelernt, die Umwelt zu schützen, haben Rauchgase entschwefelt und den Katalysator erfunden. Aber von Kohle, Öl und Gas kommen wir nicht los, und darauf kommt es mehr als alles andere an. Ausgerechnet an diesem Entzug scheitern wir seit Jahrzehnten.

Genau genommen ist das wenig überraschend. Seit die Menschheit vor mehr als zweihundert Jahren damit anfing, fossile Rohstoffe zu verbrennen, wächst die Weltwirtschaft. Sie wird angetrieben von ihrer unerschöpflichen Energie. Ohne diese Energie müsste sie zusammenbrechen. Deswegen verbrauchen wir jedes Jahr mehr davon. Was ist, wenn in Wahrheit das Wachstum schuld ist an dieser Misere? Wenn die Menschheit nur am Klimaschutz scheitert, weil sie Jahr für Jahr an diesem Wachstum festhält? Dann wäre es ratsam, darauf zu verzichten. Das ist am Ende immer noch besser, als auf einen lebenswerten Planeten zu verzichten. Diese Lösung klingt radikal, und sie ist es im Wortsinne: Sie setzt an der Radix, der Wurzel des Problems an.

Sie hat deshalb etwas Befreiendes an sich. Wer bereit ist, dem Wachstum zu entsagen, muss den Kampf gegen die Erderwärmung nicht in eine ferne Zukunft schieben. Er kann sofort damit anfangen. Die Bundesregierung könnte die Kohlekraftwerke noch heute vom Netz nehmen und die Tankstellen im Land schrittweise dichtmachen. Die Emissionen könnten das erste Mal in der Geschichte der Menschheit wirklich zurückgehen. Es wäre die Trendwende, nach der sich alle sehnen und an der sie doch immer wieder scheitern.

Selbstverständlich könnte das zu schweren gesellschaftlichen Verwerfungen führen, vielleicht sogar zu einem Aufstand. Deshalb meinen viele, Wachstumskritiker seien naiv. Auf einige mag das zutreffen, aber nicht auf alle. Manche sind Realisten. Sie machen sich keine Illusionen darüber, was so eine Politik bedeuten würde. Ihnen ist klar, dass die Wirtschaft leiden müsste, wenn Deutschland seinen Rohstoffverbrauch über Nacht einschränkt. Und auch, dass es Massendemonstrationen geben könnte, einige Vordenker der »Letzten Generation« reden offen darüber. Trotzdem sind sie bereit, all das hinzunehmen. Denn sie halten den Klimawandel für das größere Problem.

Sie halten ihn sogar für so gefährlich, dass sie schon gar nicht mehr von einem Klimawandel reden. Sie sprechen von der Klimakrise. Der Begriff Krise stammt ursprünglich aus der Medizin und bezeichnete den Scheitelpunkt einer Krankheit. An diesem Punkt entscheidet sich, ob ein Mensch gesund wird oder sterben muss. Wer von einer Klimakrise spricht, der ist also überzeugt, dass die Menschheit an einem solchen Scheitelpunkt steht. Dass sich in diesen Jahren herausstellt, ob sie die Erderwärmung in den Griff kriegt oder nicht.

Man kann das für Panikmache halten. Aber tatsächlich könnten uns große Gefahren drohen, wenn wir die Erderwärmung nicht zügig begrenzen. Damit sind keine Wetterrekorde gemeint. Die werden noch häufiger vorkommen, selbst wenn die Menschheit ab morgen keine fossilen Rohstoffe mehr verbrennt. Das Klimasystem ist träge, es wird Jahre brauchen, um sich wieder einzupendeln. Gemeint sind Veränderungen, die unwiderruflich sind, zum Beispiel beim grönländischen Eisschild. Wenn der einmal abschmilzt, kehrt er nicht wieder zurück. Und es gibt mehrere solcher Gefahren.

Bisher weiß kein Klimaforscher, wann sie eintreten. In vielen Fällen wissen die Forscher nicht einmal, ob sie es überhaupt jemals tun werden. Man könnte deshalb fragen, warum sich Wachstumskritiker ausgerechnet auf solche Unsicherheiten stützen, um so weitreichende Forderungen zu stellen. Man kann diese Frage aber auch umdrehen. Wenn die Unsicherheiten im Klimasystem so groß sind, ist es dann nicht besser, es jetzt schnellstmöglich zu stabilisieren?

Wer so denkt, den leitet die Vorsicht. Er will lieber sofort harte Maßnahmen ergreifen, als zu riskieren, dass es irgendwann zu spät ist. Das ist vernünftig, und deshalb hat die Wachstumskritik einen vernünftigen Kern. Ihre Vertreter blicken in den Abgrund, der sich vor der Menschheit auftut. Sie wenden ihren Blick nicht ab wie die Leugner des Klimawandels.

Daraus schöpfen sie ihre Kraft. Sie sind imstande, die Wahrheit auszuhalten. Sie können sich fragen, was die Menschheit tun muss, ohne ihre Lebensweise reflexhaft zu verteidigen. Sie sind offen für neue Wege.

Das Problem ist nur, dass einige Wachstumskritiker zu offen für neue Wege sind. Das sieht man ausgerechnet bei denjenigen, die sich keine Illusionen darüber machen, wie hart der sofortige Verzicht auf Kohle, Öl und Gas wäre. Sie wissen genau, dass die Bürger einen solchen Einschnitt ablehnen würden. Trotzdem sind sie weiter dafür. Dann muss er eben gegen den Willen der Bürger durchgesetzt werden. Sie werden autoritär. Bei Nietzsche heißt es: »Und wenn du lange in einen Abgrund blickst, blickt der Abgrund auch in dich hinein.« Das habe ich einmal zusammen mit einem früheren Kollegen in einem Artikel in der *Frankfurter Allgemeinen Sonntagszeitung* geschrieben. Es ging um die Radikalisierung von Aktivisten. Der Soziologe Nils C. Kumkar kritisierte diesen Satz anschließend. Er schrieb: »Man mag mir nachsehen, wenn ich nicht ganz genau sagen kann, wer hier Abgrund ist, wer blickt, und wer daraus Schlüsse ziehen sollte.« Ich habe ihn so verstanden, dass es in Wahrheit wir waren, die in den Abgrund blickten. Wir unterstellten den Aktivisten eine Radikalisierung, die es so nicht gab. Vor lauter Furcht kam uns schon die Möglichkeit, dass sich Aktivisten irgendwann einmal radikalisieren könnten, wie ein Beleg dafür vor.

Mich hat diese Kritik damals beschäftigt. Aber ich glaube nicht, dass sie berechtigt war.

Denn nun, viele Monate später, waren mehr autoritäre Stimmen dazugekommen. Professor Helge Peukert von der Universität Siegen zum Beispiel forderte die Aktivisten der »Letzten Generation« einmal auf, viel radikaler zu werden. Sie sollten dafür eintreten, sofort »Notstandsgesetze« einzuführen. Man müsse sich eingestehen, schrieb er in einem Blogbeitrag, dass die Klimaziele auch mit »Grünstrom sicher nicht erreichbar sind«. Deshalb brauche die Welt jetzt »nach jahrzehntelanger Verschleppung« harte Einschnitte. Sie sollte ihren Energieverbrauch unverzüglich halbieren. Peukert stellte all das als Dienst an der Demokratie dar. Er wollte sie retten. Sie war nämlich bedroht durch die Klimakrise. Sollte die ungebremst fortschreiten, dann käme es wahrscheinlich zu einem »Außerkraftsetzen der Demokratie über längere Zeiträume«.

Und doch konnte Peukert damit den antidemokratischen Tonfall seiner Worte nicht kaschieren, dafür war er zu deutlich. Er forderte eine »Eine-Welt-Überlebensparteienallianz unter Ausklammerung des üblichen kleinkarierten Parteiengezänks«. Idealerweise sollten die EU, China, die USA, Japan, Russland und Indien bei diesem globalen Notstandsregime mitmachen. Peukert wusste, dass das unrealistisch war. Deshalb »wäre solche Notstandsregierung vorerst auch erst einmal auf nationaler und dann europäischer Ebene anzustreben«. Peukert wollte also die Demokratie retten, indem er vorschlug, sie abzuschaffen.

Das ist das Problem des Wachstumsverzichts. Er lässt sich auf Dauer nur durchsetzen, indem man den Souverän entmachtet. Er mündet in eine Öko-Diktatur. Das ist keine Option, grundsätzlich nicht.

Wie fragwürdig Wachstumskritiker argumentieren, kann man noch an etwas anderem erkennen: an ihrem Verhältnis zu moderner Technik. Das wirkt zunächst einmal zweitrangig. Wenn einer die Demokratie abschaffen will, dann ist es eher unwichtig, ob er für oder gegen die Atomkraft ist. Aber das sagt mehr über diese Leute aus, als man denken könnte. Man nehme nur Peukert selbst. Zu Beginn seines Blogbeitrages wendet er sich gegen den Vorschlag der »Letzten Generation«, Gesellschaftsräte einzurichten. In einem solchen Rat sollen Bürger sitzen, die zufällig ausgelost werden, das ist die Idee. Sie schlagen Politikern anschließend vor, was sie gegen den Klimawandel tun sollen. Viele hoffen, dass die Regierung dann endlich Ernst macht mit dem Klimaschutz. Denn die Bürger sind ja mehrheitlich dafür. Sie machen also Druck. Aber wenn diese Räte nun wirklich die Mehrheitsmeinung im Land vertreten würden, schrieb Peukert in seinem Beitrag, dann »träten sie derzeit für das Weiterlaufen der Atomkraftwerke ein«. Das war für ihn offenkundig undenkbar. Er fand das sogar schlimmer als die Einrichtung eines weltumspannenden Notstandsregimes. Es war entlarvend. Wer ausgerechnet ein Hilfsmittel ablehnt, mit dem sich der Notstand noch abwenden ließe, dem geht es in Wahrheit gar nicht um den Erhalt eines lebenswerten Planeten. Sondern darum, ein System abzuschaffen, an dem er sich schon immer gestört hat.

Es musste einen anderen Weg geben, um mit dem Klimawandel zurechtzukommen.

Am nächsten Tag wollte ich wieder Ski fahren. Ich reihte mich mürrisch in die Schlange ein und hing meinen Gedanken nach. Ich hatte wenig Lust, mich zu unterhalten. Aber noch bevor ich in die Gondel einsteigen konnte, traf ich eine befreundete Großfamilie. Kinder und Jugendliche drängten sich dazu, ihre Worte und ihr Gelächter hallten durch die Kabine. Sie schauten mit einer solchen Begeisterung auf die schneebedeckten Gipfel, dass ich mich für meine Stimmung schämte. Dann schnallten sie sich ihre Skier an und schlängelten sich den Hang hinunter, knallbunte Punkte auf dem Schnee. Wie auch immer diese Leute zum Klimawandel standen, sie ließen sich durch ihn jedenfalls nicht die Laune verderben.

Ich fragte mich, wie sich das alles zusammenbringen ließ. Ich konnte und wollte die Krise der Moderne nicht bestreiten wie die Leugner des Klimawandels. Ich will meinen Kindern einen lebenswerten Planeten hinterlassen. Deshalb halte ich es für unerlässlich, dass die Menschheit ihre Emissionen senkt. Aber ich wollte mich auch nicht abwenden von der Moderne wie die Wachstumskritiker. Es gibt keine Mehrheiten dafür, die Wirtschaft für das Klima zu schrumpfen. Wer es trotzdem tun will, muss es am Ende gegen den Willen der Bürger tun. Es geht also nur mit Wachstum. Während ich darüber nachdachte, wie sich das klimaneutral bewerkstelligen ließe, fiel mir ein Satz des Grünen-Politikers Ralf Fücks ein. Er hat ihn einmal im Interview mit der *Frankfurter Allgemeinen Sonntagszeitung* gesagt: »Wir können die Krise der Moderne nur mit den Mitteln der Moderne lösen.«

Das ist der dritte Weg, um mit dem Klimawandel umzugehen. Es ist der Weg der Fortschrittsoptimisten.

Am Beginn dieses Weges steht eine Erkenntnis: Wenn die Menschheit das Klima schützen und trotzdem weiter Wachstum haben will, dann braucht sie massenhaft klimaschonende Energie. Sie muss deshalb jede dafür geeignete Technologie einsetzen, Windräder, Solardächer und ganz besonders die Atomkraft. Es ist die potenteste klimaschonende Energiequelle, die der Menschheit zur Verfügung steht. Man muss sich klarmachen, wie potent sie ist. Der amerikanische Zeichner und Physiker Randall Munroe hat es einmal in einem Comic festgehalten. Er hat aufgemalt, wie hoch die Energiedichte verschiedener Rohstoffe ist, wie viel Energie sie also pro Kilogramm bereitstellen. Zucker liefert 19 Megajoule pro Kilogramm. Die Kohle 24. Benzin immerhin 46. Und Uran 76 000 000, in Worten: 76 Millionen. Der Balken ist so riesig, dass er aus der Zeichnung hinausragt und dort einen gigantischen Stapel Papier bildet. Es gibt keine auch nur annähernd vergleichbare klimaschonende Technologie auf der Erde.

Die Atomkraft ist deshalb unverzichtbar. Nur sie liefert die Energie, die wir brauchen, um Klimaschutz und Wirtschaftswachstum zu vereinen. Nur mit ihr kann die Menschheit an ihrem Lebenswandel festhalten. Wer an den Fortschritt glaubt, ist deshalb aufgeschlossen gegenüber der Kernkraft. Das macht ihn nicht zu einem Gegner der Erneuerbaren. Er akzeptiert jede Technologie, die klimaschonende Energie bereitstellt. Er wendet sich nur dagegen, ausgerechnet die wirksamste von allen auszuschließen.

So können Fortschrittsoptimisten zuversichtlich nach vorne schauen. Sie machen sich nicht klein angesichts der drohenden Katastrophe, sondern blicken ihr ruhig und erhobenen Hauptes entgegen. Es gibt eine Szene im Film *Interstellar* von Christopher Nolan, in der diese Unterscheidung besonders deutlich wird. Der Film ist eine Warnung, es mit der Zerstörung des Planeten nicht zu weit zu treiben. Die Ausgangslage ist düster, die Menschen haben die Erde zu einem unwirtlichen Ort gemacht, durch den amerikanischen Westen fegen Sandstürme und vernichten die Ernte. Fast alle sind zu Farmern geworden, damit es genug zu essen gibt, selbst der Protagonist, ein früherer NASA-Pilot und Ingenieur. Sein naturwissenschaftliches Naturell aber hat er sich bewahrt, trotz der Mähdrescher und Maisfelder. Er lehrt seine Tochter die Grundlagen der Physik, er erzählt ihr die Geschichte der Raumfahrt.

Eines Tages wird er in die Schule zitiert. Es geht um seine Tochter. Sie hat gute Noten; der Vater versteht nicht, wo das Problem liegt. Nun sitzt er dem Schulrektor und der Klassenlehrerin gegenüber. Seine Tochter, erklärt die Lehrerin, habe den anderen Schülern ein Buch über die Mondlandung mitgebracht. In der Schule aber benutzen sie nur noch die korrigierte Fassung.

»Korrigiert?«, fragt der Vater. Ja, sagt die Lehrerin, die Fassung, in der erklärt wird, dass die Apollo-Missionen nur vorgetäuscht waren. Propaganda, um die Sowjets dazu zu bringen, sich zu ruinieren und »Geld für Raketen und andere nutzlose Maschinen auszugeben«.

»Nutzlose Maschinen?«, fragt der Vater. Er kann es nicht fassen. Aber die beiden Lehrer setzen ihm auseinander, dass die Welt jetzt keine Raketen und Ingenieure mehr braucht. Sie braucht keine Menschen mehr, die nach den Sternen greifen. Sie braucht Farmer. Und Mähdrescher. Am Ende fragen die Pädagogen ihn, wie er seine Tochter bestrafen wolle. Er bestraft sie nicht, sondern belohnt sie. Er geht mit ihr zu einem Baseballspiel. Er fördert ihr aufgeklärtes Denken. Darum geht es auch beim Klimaschutz.

Manche halten Fortschrittsoptimisten allerdings für Zocker. Für sie sind es Technikjünger, die alles auf eine Karte setzen. Sie glauben so sehr an bahnbrechende Erfindungen in der Zukunft, dass sie kein Problem damit haben, jetzt weiter Kohle zu verbrennen. Und wenn es in fünfzehn Jahren ohnehin Fusionskraftwerke gibt, wie sie meinen, dann muss auch niemand noch irgendwo ein Windrad bauen. Es reicht, abzuwarten. So jemand schiebt den Klimaschutz in die Zukunft. Er bekommt allerdings ein gewaltiges Problem, wenn die Rechnung am Ende nicht aufgeht. Dann ist die Erde um vier oder fünf Grad heißer, und es gibt immer noch kein Sonnensegel, um sie im Weltraum vor den Sonnenstrahlen abzuschirmen.

Tatsächlich ist an diesem Vorwurf etwas dran. Es gibt Leute, die so begeistert von der Technik sind, dass sie blind werden für ihre Fehler. Rückschläge haben für sie nie eine grundsätzliche Bedeutung. Wenn die Testzündung eines Fusionsreaktors nicht so läuft wie erwartet, dann haben die Verantwortlichen eben schlecht gearbeitet. Wenn ein neuer Reaktortyp doch nicht so funktioniert wie gedacht, fehlten eben die Mittel. All das kann natürlich stimmen. Es könnte aber auch sein, dass die Erwartungen übertrieben waren, die man in eine Erfindung setzte. Es könnte sogar sein, dass sie generell gescheitert ist. Das würden sich manche Fortschrittsoptimisten nie eingestehen.

Sie tun dann das genaue Gegenteil von dem, was Wachstumskritiker tun: Sie verteufeln moderne Technologien nicht, sie überhöhen sie.

Man kann dieses Problem allerdings leicht lösen, und zwar mit dem Emissionshandel. Er ist mindestens genauso wichtig für den Klimaschutz wie die Atomenergie. Nur er kann dem Klimaschutz weltweit zum Durchbruch verhelfen. Er deckelt den Ausstoß von Treibhausgasen und macht es Jahr für Jahr teurer, Kohle, Öl und Gas zu verbrennen. Wenn dieser Emissionshandel scharf gestellt wird, wenn er also für Autofahrer, Hausbesitzer und Stromanbieter gleichermaßen gilt, dann braucht keiner mehr Technologien mit Heilserwartungen zu überfrachten. Die besten setzen sich dann von allein durch. Wenn es sich lohnt, Kernkraftwerke zu bauen, dann werden Investoren sie bauen. Zum Beispiel, weil die Meiler auch an windstillen Tagen noch Strom liefern und weil Kohlekraftwerke durch den Emissionshandel immer teurer werden. Sollte es sich nicht lohnen, Kernkraftwerke zu bauen, dann wird es keiner tun, und dann wäre es auch nicht weiter schlimm. Der Emissionshandel setzt den Rahmen, den Rest entscheidet der Markt.

All das gilt dann allerdings auch für Windräder. Auch die braucht dann niemand mehr zu verherrlichen. Wenn es sich lohnt, sie zu bauen, werden Unternehmen sie bauen. Zum Beispiel im Meer, weil dort besonders viel Wind weht. Wenn es sich allerdings in manchen Gegenden nicht lohnt, sie zu bauen, werden sie dort eben nicht gebaut. Die Klimabilanz bleibt davon unberührt. Das wird durch den Emissionshandel sichergestellt. Der Ausstoß sinkt, so oder so.

Damit das funktioniert, braucht es allerdings eine entscheidende Voraussetzung: Die Regierung muss offen gegenüber *jeder* Technologie sein. Sie muss auch den Bau von Atomkraftwerken gestatten. Selbstverständlich kann sie den Betreibern trotzdem hohe Sicherheitsstandards auferlegen. Sie sollte diese Standards allerdings nicht künstlich in die Höhe schrauben, nur um Kernkraftwerke zu verhindern.

Eine solche Politik hätte eine ungemein befreiende Wirkung. Die Bürger könnten der Wirtschaft dann dabei zusehen, wie sie schwer arbeitet, um die Emissionen zu verringern und die Annehmlichkeiten des modernen Lebens zu erhalten. Es ist wie beim Montreal-Protokoll 1987. Zuerst verbot die Weltgemeinschaft nach und nach FCKW ähnlich wie beim Emissionshandel. Und nun schauten die Bürger den Herstellern von Kühlschränken und Haarsprays dabei zu, wie sie schwer arbeiteten, um FCKW zu ersetzen und weiter ihre Produkte zu verkaufen. Niemand musste darüber diskutieren, ob es besser ist, FCKW gegen Butan oder Propan auszutauschen, oder doch eher gegen Druckluft. Das überließ man der Wirtschaft.

So könnte es auch bei den Treibhausgasen funktionieren. Niemand müsste mehr darüber diskutieren, ob es besser ist, die Kohle durch Windräder zu verdrängen oder doch lieber durch Windkraft und Atomreaktoren. Es müsste auch keiner streiten, ob das Elektroauto besser ist als ein Verbrenner, der mit synthetischen Kraftstoffen läuft. Sollte es jemandem gelingen, synthetische Kraftstoffe günstig herzustellen, könnte der Verbrenner wichtig bleiben. Andernfalls eben nicht. Es braucht keine monatelange Auseinandersetzung über das Für und Wider eines Antriebes.

Natürlich hat dieser Vergleich Grenzen. Es ist das eine, FCKW in Kühlschränken und Haarsprays zu ersetzen. Es ist etwas völlig anderes, von Kohle, Öl und Gas wegzukommen, das noch immer die gesamte Weltwirtschaft antreibt. Das ist eine weit größere Herausforderung, es ist eine Operation am offenen Herzen der Moderne. Und es wird dabei viele heikle Momente geben. Wenn der Emissionshandel erst einmal zu wirken beginnt, dann werden Regierungen in aller Welt unter Druck geraten. Die Industrie wird fordern, ihn abzuschwächen, und die Politik muss standhaft bleiben. Ansonsten verliert der Emissionshandel seine Wirkung. Es könnte auch sein, dass die Bundesregierung einzelne Technologien fördern muss, um ihnen zum Durchbruch zu verhelfen. Das galt viele Jahre für die Erneuerbaren, nun gilt es vor allem für die letzten verbliebenen Druckwasserreaktoren Isar 2, Brokdorf, Emsland, Neckarwestheim und Grohnde. Die Bundesregierung sollte ihren Rückbau stoppen und sie zurück ans Netz bringen. Das ist vor allem eine strategische Frage. Es geht darum, weiter genügend Kerntechniker im Land zu haben, um diese Technologie auch in Zukunft zu beherrschen. Wenn Deutschland neue Kernkraftwerke bauen will, müsste es Investoren außerdem garantieren, dass die Meiler für Jahrzehnte laufen können. Nur dann werden Firmen bereit sein, ins Risiko zu gehen. Reaktoren kosten viel Geld, sie rechnen sich vor allem auf lange Sicht. Ob Deutschland dann neue baut, ist eine andere Frage. Das hängt vom politischen Willen ab. Es gibt beim Kampf gegen die Erderwärmung also mehr zu bedenken als bei dem gegen FCKW. Und doch folgt er den gleichen Gesetzmäßigkeiten. Er kann nur gelingen, wenn die Menschen dem Suchprozess des Marktes vertrauen.

Der Klimaschutz ist darauf sogar mehr als alles andere angewiesen. Denn die Milliarden, die er kostet, bringen kein zusätzliches Wachstum. Die Menschen zapfen ja nicht plötzlich eine neue, unerschöpfliche Energiequelle an wie damals in der industriellen Revolution. Sie ersetzen nur billige fossile Rohstoffe durch teure, klimaschonende Energie. Es ist eine freiwillige Maßnahme, um späteren Generationen ein menschenwürdiges Leben auf dem Planeten zu ermöglichen. Wenn diese Maßnahme aber so teuer ist, dass sie die Wirtschaft abwürgt, dann wird sie auf Dauer keiner mittragen. Man muss sie deshalb so effizient wie möglich gestalten. Fortschrittsoptimisten wollen das, mithilfe des Emissionshandels und der Technik. Deshalb ist ihr Weg so viel besser als der von Klimawandelleugnern und Wachstumskritikern. Es ist aus meiner Sicht der einzige, der überhaupt funktioniert.

Fortschrittsoptimisten müssen sich nicht dafür rechtfertigen, nach den Sternen zu greifen. Und auch nicht, mit einer Gondel auf einen Berggipfel zu fahren, selbst wenn es nur zum Spaß ist. Sie brauchen keine Angst zu haben, dass alles immer schlimmer wird. Es wird nur alles anders als vorher. Das gilt auch für das Klima selbst. Es wird wärmer werden. Das lässt sich nicht mehr vollständig verhindern, egal wie schnell es uns gelingen sollte, die Emissionen zu senken. Für manche Regionen ist das schlimm genug. Aber wenn sich die Fortschrittsoptimisten mit ihrem Programm durchsetzen, dann ist es kein Weltuntergang.

Wenige Tage nach unserem Urlaub in den Bergen strömte plötzlich arktische Luft nach Deutschland. Wochenlang legte sich die Kälte über das Land. Der Schnee, der in den Alpen kaum zu sehen war, lag plötzlich mitten in Frankfurt. Ich rüttelte meine Kinder frühmorgens aus dem Schlaf und forderte sie auf, aus dem Fenster zu schauen. Sie taten es, dann legten sie sich wieder ins Bett. Ich fuhr mit ihnen in den Wald zum Schlittenfahren und verlangte von ihnen, sich die Winterlandschaft anzusehen, die weiß gepuderten Tannen, den Reif auf den Lichtungen. Sie taten es, dann beschwerten sie sich über kalte Hände. Ich ging mit ihnen zu einem zugefrorenen Ententeich in der Stadt und wollte, dass sie alles genau betrachteten, die Spuren des Windes auf dem Eis. Sie taten es, aber irgendwann schien in ihren Gesichtern eine Frage zu liegen: Was ist an diesem weißen Zeug eigentlich so besonders, dass wir ständig dafür nach draußen gehen und frieren müssen? Da kehrte ich um und ging mit ihnen zurück nach Hause. Am nächsten Tag verdrängte warme Luft aus dem Süden die Kälte. Der Schnee schmolz, und er kam nicht wieder zurück.

ANHANG

Ich habe versucht, dieses Buch in leicht verständlicher Sprache zu schreiben. Deshalb habe ich im Text in der Regel auf Beispielrechnungen verzichtet. Einige sind hier aufgeführt. Wer tiefer einsteigen möchte, findet hier außerdem einige Literaturhinweise zu den jeweiligen Kapiteln.

Erstes Kapitel, »Wie ich lernte, die Energiepolitik zu lieben«

»Deutschland muss für zehn Jahre lang jeden Tag mindestens vier große Windräder bauen.«

Im Osterpaket 2022 hat die Ampelkoalition konkrete Ausbaupfade für Windräder an Land und Solardächer festgelegt. Ab dem Jahr 2025 bis zum Jahr 2035 sollen jedes Jahr Windräder an Land mit einer Leistung von insgesamt 10 Gigawatt gebaut werden. Das sind 10 000 Megawatt pro Jahr. Geteilt durch 365 Tage sind das 27,4 Megawatt installierte Leistung pro Tag. Die Firma Nordex mit Sitz in Hamburg stellt Windräder an Land her mit einer Nennleistung von 6,8 Megawatt (N163/6.X). Von diesen Windrädern müsste Deutschland täglich vier Stück bauen, zehn Jahre lang.

Das genannte Windrad von Nordex hat eine Turmhöhe von mehr als 160 Metern, dann kommen noch die Rotorblätter hinzu. Der Durchmesser des Rotorkreises beträgt 163 Meter. Die Gesamthöhe der Anlage liegt somit bei etwa 240 Meter. Die meisten Windräder an Land sind kleiner und haben eine geringere Nennleistung von ungefähr 4–5 Megawatt. Davon müsste Deutschland dann mindestens fünf Stück am Tag bauen, um seine Ziele zu erreichen.

»Für ein einziges Windrad brauchen Sie bis zu 100 Schwerlasttransporte.«

Das ist eine Aussage von Helmut Schgeiner, dem Vorstandssprecher der Bundesfachgruppe Schwertransporte und Kranarbeiten. Er hat das in einem Interview mit dem *Manager Magazin* zu Beginn des Jahres 2023 gesagt. Wenn man mit den besonders großen Windrädern rechnet, die 240 Meter hoch sind, erscheint das zumindest plausibel. Dann müssten sich in der Bundesrepublik für zehn Jahre lang pro Tag bis zu 400 Schwerlasttransporte auf den Weg machen, damit das Land seine Ausbauziele erreicht, nur für Windräder an Land, wohlgemerkt.

»Deutschland muss für neun Jahre lang jeden Tag mindestens 40 Fußballfelder Solardächer bauen.«

Die Bundesregierung hat im Osterpaket festgelegt, dass ab dem Jahr 2026 bis zum Jahr 2035 Solardächer mit einer installierten Leistung von 22 Gigawatt zugebaut werden sollen. Das sind 22 000 Megawatt pro Jahr. Geteilt durch 365 Tage ergibt sich eine Leistung von 60,3 Megawatt, die Deutschland am Tag für neun Jahre lang zubauen müsste, um seine Ziele zu erreichen. Wie viele Fußballfelder sind das?

Ein Standard-Fußballfeld der FIFA ist 105 Meter lang und 68 Meter breit, hat also eine Fläche von 7140 Quadratmeter. Moderne Solaranlagen haben etwa eine Nennleistung 0,2 Kilowatt pro Quadratmeter. Ein Fußballfeld voller Solardächer hat also eine Nennleistung von 1428 Kilowatt oder 1,43 Megawatt. Deutschland müsste ab dem Jahr 2026 also für neun Jahre lang 42 Fußballfelder Solardächer jeden Tag bauen, um seine selbst gesteckten Ziele zu erreichen. Ich habe zugunsten der Bundesregierung gerechnet und deshalb geschrieben, dass es mindestens 40 Fußballfelder am Tag sein müssen.

»Deutschland muss in sechs Jahren mindestens 34 Gaskraftwerke bauen.«

Die Bundesnetzagentur schreibt in ihrem Bericht zur Versorgungssicherheit Strom vom Januar 2023 auf Seite 13: »Investitionen in neue Gaskraftwerke werden in den Berechnungen in relevantem Umfang von 17–21 GW bis 2030/31 erwartet.« Ein großes Gaskraftwerk hat etwa eine Leistung von 500 Megawatt, Deutschland muss also in wenigen Jahren mindestens 34 Stück davon bauen, um auf die 17 Gigawatt zu kommen, die die Bundesnetzagentur nennt. Wenn man den höheren Wert von 21 Gigawatt nimmt, müssten es 42 Gaskraftwerke sein. Ich habe zugunsten der Bundesregierung angenommen, dass 34 Stück reichen.

Studien zur Energiewende:

*Boston Consulting (2021): Klimapfade 2.0. Ein Wirtschafts-
programm für Klima und Zukunft.*
*Deutsche Energie-Agentur (2021): dena-Leitstudie Aufbruch
Klimaneutralität. Eine gesamtgesellschaftliche Aufgabe.*
*Deutsches Institut für Wirtschaftsforschung (2021): 100 Pro-
zent erneuerbare Energien für Deutschland. Koordinierte Aus-
bauplanung notwendig.*
*Fraunhofer-Institut für System- und Innovationsforschung,
consentec (2021): Langfristszenarien für die Transformation
des Energiesystems in Deutschland 3.*
*Kopernikus-Projekt Ariadne des Potsdam-Institutes für Kli-
mafolgenforschung (2021): Ariadne-Report: Deutschland auf
dem Weg zur Klimaneutralität 2045 – Szenarien und Pfade im
Modellvergleich.*
*Prognos, Öko-Institut, Wuppertal-Institut (2021): Klima-
neutrales Deutschland 2045. Wie Deutschland seine Klimaziele
schon vor 2050 erreichen kann.*

Einen guten Überblick liefert der »Vergleich der ›Big 5‹-Klima-
neutralitätsszenarien« des Kopernikus-Projektes Ariadne, den
man im Netz abrufen kann.

Bericht der Expertenkommission Fracking (2021).
*Bundesnetzagentur (2023): Bericht zu Stand und Entwick-
lung der Versorgungssicherheit im Bereich der Versorgung mit
Elektrizität.*

Zweites Kapitel, »Die Schlange am Flughafen Kos-Hippokrates«

Fücks, Ralf: Intelligent Wachsen. Die grüne Revolution, Hanser 2013.

Göpel, Maja: Unsere Welt neu denken. Eine Einladung, Ullstein 2020.

Herrmann, Ulrike: Das Ende des Kapitalismus. Warum Wachstum und Klimaschutz nicht vereinbar sind – und wie wir in Zukunft leben werden, Kiepenheuer & Witsch 2022.

Hickel, Jason: Weniger ist mehr. Warum der Kapitalismus den Planeten zerstört und wie wir ohne Wachstum glücklicher sind, Oekom 2022.

Thunberg, Greta: Das Klima-Buch, Fischer 2022.

BP (2021): Statistical review of World Energy, Oil.

BP (2021): Statistical review of World Energy, Coal.

Drittes Kapitel, »Mit Panzern nach Peking«

Maxton, Graeme: Globaler Klimanotstand. Warum unser demokratisches System an seine Grenzen stößt, Komplett Media 2020.

Schellnhuber, Hans Joachim et al (2008): Tipping elements in the Earth's climate system, in: Proceedings of the National Academy of Sciences of the United States of America, 105 (6).

Bericht des vom Senat der Freien und Hansestadt Hamburg berufenen Sachverständigenausschusses zur Untersuchung des Ablaufs der Flutkatastrophe, Hamburg 1962.

N. Wunderling et al. (2021): Interacting tipping elements increase risk of climate domino effects under global warming, in: Earth System Dynamics 12.

Viertes Kapitel, »Der alte Porsche und das Klima«

Hausfather, Zeke (2021): Absolute Decoupling of Economic Growth and Emissions in 32 Countries, online.

McAffee, Andrew (2020): Why Degrowth Is the Worst Idea on the Planet, in: Wired.

Siebe, Thomas (2013): Der Produktionsstrukturwandel in Deutschland von 2000 bis 2011, in: Wirtschaftsdienst, Zeitschrift für Wirtschaftspolitik, 93. Jahrgang, Heft 4.

Fünftes Kapitel, »Eine Maschine, die den Einstler vertreibt«

Our World in Data: Share of primary energy consumption that comes from wind power, online.

US Aid fact sheet: Pest resistant eggplant: India, Bangladesh, Philippines, online.

Jayaraman, K.S. (2010): India's transgenic aubergine in a stew, in: Nature.

Medakker, A., Vijayarahhavan, V. (2007): Successful commercialization of insect-resistant eggplant by a public-private partnership. Reaching and benefiting resource-poor farmers, in: Intellectual Property Management in Health and Agricultural Innovation, Volume 2.

Peters, H., Schneider, R. (2010): Gensaat ist keine Lösung, in: Welternährung, die Zeitung der Welthungerhilfe, 39. Jahrgang, 2. Quartal 2010.

Shelton, A.M. (2010): The long road to commercialization of Bt brinjal (eggplant) in India, in: Crop Protection 29.

Shelton, A.M. et al. (2019): Bt Brinjal in Bangladesh. The First Genetically Engineered Food Crop in a Developing Country, in: Cold Spring Harbor Perspectives in Biology, Volume 10.

Varshneya, N.: Aus für die Gen-Aubergine in Indien, in: Welternährung, die Zeitung der Welthungerhilfe, 39. Jahrgang, 2. Quartal 2010.

Sechstes Kapitel, »E-Mail von der Behörde«

»In Wirklichkeit hat sich der Strompreis für die Industrie fast verdoppelt.«

In der Strompreisanalyse des Bundesverbandes der Energie- und Wasserwirtschaft vom Februar 2024 ist der durchschnittliche Strompreis für kleine bis mittlere Industriebetriebe für Neuabschlüsse zu Beginn des Jahres 2024 angegeben. Er lag bei 17,65 Cent pro Kilowattstunde. Das ist so niedrig wie im Jahr 2020 und weit niedriger als 2022, dem Jahr des russischen Überfalls auf die Ukraine. Allerdings ist seitdem die EEG-Umlage weggefallen. Diese Förderung übernimmt der Bund nun direkt aus dem Klima- und Transformationsfonds.

Lässt man den Schock des Ukrainekrieges beiseite und vergleicht nur die Preise für Beschaffung, Netzentgelt und Vertrieb des Stromes miteinander, ohne alle Steuern und Umlagen, sieht es schon anders aus. Im Jahr 2020 lag der Preis bei 8,48 Cent pro Kilowattstunde. Im Jahr 2024, nachdem sich die Krise gelegt hatte, lag er bei 16,16 Cent pro Kilowattstunde. Der Preis für Beschaffung, Netzentgelt und Vertrieb für kleine und mittlere Industriebetriebe hat sich also auch ohne den Einfluss des Krieges nahezu verdoppelt. Der Staat subventioniert den Strom nun lediglich. Auch bei energieintensiven Betrieben sieht die Lage nicht besser aus. Diese Betriebe sind von vielen Gebühren befreit. In einigen Fällen bezuschusst der Staat den Strom sogar noch zusätzlich, um die gestiegenen Preise durch den europäischen Emissionshandel abzufedern, etwa bei Eisengießereien. Und doch mussten all diese Unternehmen 2023 noch immer weit mehr für ihren Strom bezahlen als solche in den USA oder China. Das Institut der deutschen Wirtschaft (IW) hat die Preise Ende 2023 geschätzt. Demnach zahlten besonders energieintensive Betriebe wie zum Beispiel Stahlhersteller in Deutschland etwa 7,9 Cent pro Kilowattstunde. In den USA waren es rund 5,7 Cent, in China 4,1.

Firmen, die der Staat weniger unterstützt, ergeht es noch schlechter. Autobauer zum Beispiel mussten für ihren Strom 19 Cent pro Kilowattstunde zahlen, fast dreimal so viel wie in den USA und immer noch mehr als doppelt so viel wie in China.

Im Jahr 2019 war das noch anders. Da kostete der Strom energieintensive Betriebe ungefähr gleich viel wie in den USA oder in China. Das IW stellte fest: »Spätestens seit der Energiekrise sind industrielle Strompreise für deutsche Unternehmen im internationalen Vergleich nicht mehr wettbewerbsfähig.«

»Deutschland braucht große Mengen an Wasserstoff, so steht es in allen Studien zur Energiewende. Um die herzustellen, benötigt man mindestens so viel Strom, wie Deutschland momentan in einem Jahr verbraucht.«

Im Vergleich der fünf großen Energiewendestudien des Ariadne-Projektes (siehe Anhang für Kapitel 1) ist aufgelistet, mit wie viel Energie aus Wasserstoff alle Studien bis zum Jahr 2045 rechnen. Der Durchschnitt aller Studien für das Jahr 2045 beträgt 302 Terawattstunden. Angenommen, man rechnet für die Wasserstoffelektrolyse mit einem konservativen Wirkungsgrad von 0,6. Dann braucht man 504 Terrawattstunden Strom, um 302 Terrawattstunden Wasserstoff herzustellen. Im Jahr 2023 betrug der Stromverbrauch in Deutschland 517 Terrawattstunden.

Man kann davon ausgehen, dass deutlich mehr Energie benötigt wird, um so viel Wasserstoff herzustellen, denn die Studien gehen davon aus, dass etwa zwei Drittel dieses Wasserstoffs im Ausland hergestellt wird, zum Beispiel in der Sahara, wo die Sonne den ganzen Tag lang scheint. Allerdings muss man mit erheblichen Transportverlusten rechnen. Der Wasserstoff muss abgekühlt und verflüssigt und auf Schiffen nach Europa gebracht werden. Dabei geht ein Teil der Energie verloren. Wenn der Wasserstoff dann eingesetzt wird, um damit zum Beispiel in Gaskraftkraftwerken Strom zu erzeugen, geht wieder Energie verloren.

Agora Energiewende (2024): Die Energiewende in Deutschland, Stand der Dinge 2023.

Duan, L., Petroski, R., Wood, L, Caldeira, K (2022): Stylized least-cost analysis of flexible nuclear power in deeply decarbonized electricity systems considering wind and solar resources worldwide, in: Nature energy 7.

Gesellschaft für Reaktorsicherheit: Deutsche Risikostudie Kernkraftwerke Phase B, Verlag TÜV Rheinland 1990.

Grimm, Veronika, Oechsle, Leon, Zöttl, Gregor: Stromgestehungskosten von Erneuerbaren sind kein guter Indikator für zukünftige Stromkosten, 2024.

Institut der deutschen Wirtschaft, Boston Consulting, BDI: Transformationspfade für das Industrieland Deutschland, November 2023.

Krause, F., Bossel, H., Müller-Reißmann, K.-F.: Energie-Wende. Wachstum und Wohlstand ohne Erdöl und Uran, S. Fischer 1980.

Krohn, Philipp: Ökoliberal. Warum Nachhaltigkeit die Freiheit braucht, Frankfurter Allgemeine Buch 2023.

Netzentwicklungsplan Strom 2037 mit Ausblick 2045, Version 2023. Zweiter Entwurf der Übertragungsnetzbetreiber, online.

Pausewang, Gudrun: Die Wolke, Ravensburger Buchverlag 1987.

Prognos, Vereinigung der Bayerischen Wirtschaft (2023): Internationaler Energiepreisvergleich für die Industrie.

Report by the United Nations Scientific Committee on the Effects of Atomic Radiation (2020/21): Levels and effects of radiation exposure due to the accident at the Fukushima Daiichi Nuclear Power Station: implications of information published since the UNSCEAR 2013 Report.

Réseau de Transport d'Electricité (2021): Futurs énergétiques 2050.

Statistisches Bundesamt: Bedeutung der energieintensiven Industriezweige in Deutschland, online.

Siebtes Kapitel, »Schluckimpfung ist süß«

»*Deutschland verfeuert wegen des Atomausstiegs jede Stunde 10 000 Tonnen Braunkohle.*«

In der Statistik der Kohlenwirtschaft vom März 2024 ist aufgeführt, wie viel Tonnen Kohle Kraftwerke in Deutschland im Jahr 2023 verfeuerten: 89 907 000, in Worten fast 90 Millionen Tonnen. Das sind am Tag im Schnitt 246 320 Tonnen und mehr als 10 000 Tonnen pro Stunde.

Thießen, Malte (2013): Vorsorge als Ordnung des Sozialen. Impfen in der Bundesrepublik und der DDR, in: Zeithistorische Forschungen/Studies in Contemporary History 10.

Achtes Kapitel, »Eine Winternacht im Jahr 2053«

Center for Strategic and International Studies (2023): The first battle of the next war. Wargaming a Chinese Invasion of Taiwan.
    Wambach, Achim: Klima muss sich lohnen. Ökonomische Vernunft für ein gutes Gewissen, Herder 2022.

Neuntes Kapitel, »Auf der Suche nach dem Schnee«

Peukert, Helge (2023): Wie radikal müsste es sein? Ein Vorschlag an die Letzte Generation, welche Forderungen aufzustellen und zu diskutieren wären, um die thermophysikalische Bedrohung der Menschheit abzuwenden, in: Oxi 5/23.

DANKSAGUNG

Mein besonderer Dank gilt Susanne Freidel. Herzlich bedanken möchte ich mich außerdem bei Wibke Becker, Niels Freidel, Livia Gerster, Johannes Winterhagen und Niklas Záboji.

PERSONENVERZEICHNIS